婴幼儿养护实用手册

李 丹 王雪琴 / 主编

西苑出版社
XIYUAN PUBLISHING HOUSE

图书在版编目（CIP）数据

婴幼儿养护实用手册 / 李丹，王雪琴主编 . 一北京：
西苑出版社，2020.9（2021.7 重印）
ISBN 978-7-5151-0745-5

Ⅰ . ①婴… Ⅱ . ①李… ②王… Ⅲ . ①婴幼儿－哺育－手册
Ⅳ . ① TS976.31-62

中国版本图书馆 CIP 数据核字 (2020) 第 129710 号

婴幼儿养护实用手册

YINGYOU'ER YANGHU SHIYONG SHOUCE

出版发行	西苑出版社 XIYUAN PUBLISHING HOUSE	
通讯地址	北京市朝阳区和平街 11 区 37 号楼	邮政编码： 100013
电　话	010-88636419　　E-mail： xiyuanpub@163.com	
印　刷	三河市嘉科万达彩色印刷有限公司	
经　销	全国新华书店	
开　本	880 毫米 ×1230 毫米　1/24	
字　数	49 千字	
印　张	5	
版　次	2020 年 9 月第 1 版	
印　次	2021 年 7 月第 2 次印刷	
书　号	ISBN 978-7-5151-0745-5	
定　价	28.00 元	

编　委　会

目 录
CONTENTS

第三章　儿童意外伤害

第四章 育儿常见问题及指导

第一章

预防接种

婴儿出生以后，从母体获得了一些免疫力，但是随着婴儿一天天长大，这种免疫力逐渐减弱或消失，而婴儿各个器官、系统发育不完善，容易受到细菌、病毒的侵袭而引起各种传染病。预防接种就是用人工的方法利用疫苗给儿童进行接种，使之产生抵抗某种传染病的能力，增强防病能力，从而达到预防和控制传染病的发生与流行的目的。

一、免疫概论

免疫（机体的抗感染能力）是人自身具有的一种生理功能，依靠这种功能识别"自我"和"非我"，通过免疫应答排除抗原性异物，来维持我们机体生理的平衡。免疫可以分为非特异性免疫和特异性免疫两种。

1. 非特异性免疫

非特异性免疫又称先天免疫，通过此种免疫方式，机体可以抵抗普遍存在的低毒力微生物。

2. 特异性免疫

特异性免疫又称获得性免疫，通过此种免疫方式，机体可以抵抗许多高毒力微生物的感染。个体在发育过程中若接触了相关抗原，会激发机体产生免疫，即特异性免疫，包括体液免疫和细胞免疫。机体可以通过主动免疫和被动免疫两种方式获得特异性免疫能力。

（1）主动免疫：通过自然途径感染病原体或通过免疫接种使机体产生相应特

3

异性免疫的过程。这种免疫能力一旦获得，会持久存在。

（2）被动免疫：指机体被动接受抗体、致敏淋巴细胞或其产物获得特异性免疫的过程。无潜伏期，起效快，一经输入即可获得免疫力，但维持时间短，会在数周或数月内很快消退。例如：胎儿和新生儿通过胎盘或乳汁从母体获得抗体；直接给机体注射含有特异性抗体的免疫制剂（如抗毒素、丙种球蛋白、抗菌血清、抗病毒血清）等，被动获得免疫力。

人工接种的疫苗和注射的特异性免疫物质都属于免疫制剂。免疫制剂包括主动免疫制剂和被动免疫制剂（见表1）。接种后可使机体对相应的传染病产生一定的抵抗力。

 表1 **主动免疫制剂和被动免疫制剂的比较**

条目	主动免疫制剂	被动免疫制剂
免疫制剂的来源	减毒或灭活的病原微生物，病原微生物的抗原成分	从外源获得的抗体、转移因子、细胞等防御因子
免疫力	长期或终身免疫	短期保护
获得免疫时间	需要一定时间才能获得保护	立即产生保护
危险性	与用活病原微生物有关	血清病
用途	预防	紧急预防或治疗

二、儿童计划免疫程序

计划免疫是指国家根据传染病的疫情监测及人群免疫水平综合分析，有计划的在全国范围内对应免疫人群按年龄进行常规预防接种，以提高人群免疫水平，达到控制乃至最终消灭相应传染病的目的。我国计划免疫内的疫苗包括乙肝疫苗、卡介苗、脊髓灰质炎疫苗、百白破疫苗、麻腮风疫苗、白破疫苗、甲肝疫苗、流脑疫苗（A群和A+C群多糖疫苗）以及乙脑疫苗。

预防接种要有始有终，因为预防接种后产生的抗体只能在一段时间内有效，过了这段时间，抗体减弱，机体抵抗力逐渐下降，又有感染该种传染病的可能。因此，为了获得更加持久的抵抗力，就必须按照规定的期限复种或加强接种。

基础免疫：人体初次接受某种疫苗全程足量的预防接种。乙肝疫苗、卡介苗、脊髓灰质炎疫苗、百白破疫苗、麻风疫苗、乙脑减毒活疫苗应在12月龄内完成；A群流脑疫苗应在18月龄及以内完成；甲肝减毒活疫苗应在24月龄及以内完成。

加强免疫：基础免疫之后，人体产生的免疫力可以维持一段时间，但随着时间的推移，这种特异性免疫力将逐渐降低以致消失，若想使机体继续保持有效的免疫力，则需及时加强一次同类疫苗的接种，即加强免疫。

《国家免疫规划儿童免疫程序及说明》（2016年版）中有免疫程序，见表2。

 表2　国家免疫规划疫苗儿童免疫程序表（2016年版）

疫苗名称	接种年（月）龄														
	出生时	1月	2月	3月	4月	5月	6月	8月	9月	18月	2岁	3岁	4岁	5岁	6岁
乙肝疫苗	1	2					3								
卡介苗	1														
脊髓灰质炎灭活疫苗			1												
脊髓灰质炎减毒活疫苗				1	2								3		
百白破疫苗				1	2	3				4					
白破疫苗															1
麻风疫苗								1							
麻腮风疫苗										1					
乙脑减毒活疫苗[1]								1			2				
乙脑灭活疫苗[1]								1、2			3				4
A群流脑多糖疫苗							1		2						
A+C群流脑多糖疫苗												1			2
甲肝减毒活疫苗[2]										1					
甲肝灭活疫苗[2]										1	2				

注：1.选择乙脑减毒活疫苗接种时，采用2剂次接种程序。选择乙脑灭活疫苗接种时，采用4剂次接种程序；乙脑灭活疫苗第1、2剂间隔7~10天。
2.选择甲肝减毒活疫苗接种时，采用1剂次接种程序。选择甲肝灭活疫苗接种时，采用2剂次接种程序。

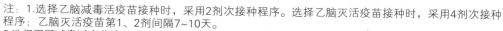

三、预防接种使用的疫苗

（一）计划免疫疫苗

计划免疫疫苗也称为第一类疫苗，由政府免费向公民提供，主要有以下几种。

1.卡介苗

卡介苗是一种减毒活疫苗。这种疫苗的毒性与致病性已经丧失，但仍保留了抗原性，接种后可获得一定的对抗结核病的免疫力。接种后12周结核菌素试验阳转率在90%以上。

（1）接种对象：健康足月的新生儿以及结核菌素试验呈阴性反应的儿童。

（2）接种方法：新生儿出生后即可接种。3个月至3岁儿童初种，应先做结核菌素试验，阴性反应者方可接种，阳性反应者无须接种。4岁及以上儿童不予补种。

（3）接种反应：少有发热，接种后2~3周局部出现小硬结，之后逐渐软化形成小脓包或小脓肿，破溃后形成的小溃疡直径不超过0.5cm，溃疡结痂，痂皮脱落后可留下永久瘢痕。

① 接种后2～3个月内严格避免与结核病患者接触。初次接种卡介苗，一般4～8周后就会产生免疫力，免疫成功后有效的免疫力可维持3～5年。

② 少数婴儿在接种卡介苗后会引起同侧邻近腋下淋巴结增大，直径不超过1cm，这属于正常反应，无须处理；如果直径超过1cm，且发生软化，又不能自行消退，可进行局部抽脓，家长需及时带婴儿就诊。

③ 已接种卡介苗的儿童，即使卡痕未形成也不再予以补种。

④ 早产儿、难产儿、有明显先天畸形以及出生体重低于2500g的新生儿，发热、腹泻以及有湿疹或其他皮肤病的患儿暂时不能接种卡介苗。

2.乙肝疫苗

我国目前应用的是基因重组乙肝疫苗。

（1）接种对象：出生正常的新生儿，早产儿体重应大于2000g。

（2）接种方法：共接种3剂次，按0、1、6个月免疫程序接种疫苗。即出生后24小时内接种第1剂次，1月龄时接种第2剂次，6月龄时接种第3剂次。

（3）接种反应：接种反应小，不会发生血行传播。常见的接种反应有局部红肿、微小硬块等，一般24～48小时后即可消除，无须处理。

注意事项

　　发热或过敏体质者不宜接种。不同疫苗不能混合在一起接种，但乙肝疫苗可与卡介苗、百白破联合疫苗、口服脊髓灰质炎疫苗、麻疹疫苗等同时接种，注意应在不同肢体和（或）不同部位接种；如果不同时接种，两次接种疫苗时间间隔至少1个月。

3.脊髓灰质炎混合疫苗

脊髓灰质炎减毒活疫苗为口服剂型（OPV），脊髓灰质炎灭活疫苗为注射剂型（IPV）。

减毒活疫苗有发生疫苗相关麻痹型脊髓灰质炎的可能。IPV为灭活疫苗，能够避免疫苗相关麻痹型脊髓灰质炎的发生。目前我国使用的脊髓灰质炎减毒活疫苗是I、III型二价减毒活疫苗。

（1）接种对象：2个月以上的正常婴儿。

（2）接种方法：共接种4剂次。采取IPV/OPV序贯接种，首种为2月龄接种1剂次IPV，再在3月龄、4月龄、4周岁时各接种1剂次OPV。采用序贯接种，可以降低或消除发生疫苗相关麻痹型脊髓灰质炎的风险。

（3）接种反应：一般无不良反应，极个别小儿可能有皮疹、腹泻的情况，无须治疗，1～2日后即可自愈。

注意事项

① 近1周内每日腹泻4次以上的小儿暂缓口服OPV。

② 以下人群建议全程使用IPV：原发性免疫缺陷、胸腺疾病、有症状的HIV感染或CD4+T细胞计数低、正在接受化疗的恶性肿瘤、近期接受造血干细胞移植、正在使用具有免疫抑制或免疫调节作用的药物（例如大剂量全身皮质类固醇激素、烷化剂、抗代谢药物、TNF-α抑制剂、IL-1阻滞剂或其他免疫细胞靶向单克隆抗体治疗）、目前或近期曾接受免疫细胞靶向放射治疗。

4. 百白破三联制剂

百白破三联制剂由无细胞百日咳菌苗、白喉类毒素和破伤风类毒素配制而成的混合制剂。免疫成功后可以预防三种疾病：百日咳、破伤风和白喉。

（1）接种对象：3个月以上的正常婴儿。

（2）接种方法：婴儿满3个月开始注射，连续注射3剂次基础免疫，每剂次间隔1个月（4~6周）。18~24月龄进行1剂次加强免疫。6岁时加强免疫，使用白破疫苗强化注射，不再使用三联疫苗。

（3）接种反应：局部轻微红肿、疼痛、发痒，少数有低热或其他身体不适，均为正常反应。如若出现体温大于38.5摄氏度、红肿直径大于5cm的情况，可口服药物退热，一般2~3天内消退。

注意事项

① 接种第1剂次后，因为一些原因未能按时接种第2剂次，可适当延长接种间隔时间，但是间隔期不能超过3个月。

② 急性传染病、发热者暂缓接种。

③ 有惊厥史或脑外伤史者禁用。

④ 百白破三联疫苗接种禁忌：首次接种产生严重的过敏反应；接种后3天内发生抽搐，伴或不伴有发热；接种后7天内发生脑病，但无其他病因；接种后48小时内体温达到或超过40.5摄氏度，有虚脱、休克症状，或者出现持续3小时的剧烈哭闹，但无其他病因。

5. 麻腮风疫苗

接种麻腮风疫苗后可以预防麻疹、腮腺炎、风疹三种疾病。它是麻疹、腮腺炎、风疹三联减毒活疫苗，接种后诱导产生的抗体可以持续11年。

（1）接种对象：1岁以上的儿童。

（2）接种方法：18～24月龄接种1剂次。

（3）接种反应：局部疼痛，发热，偶见出疹。接种后5～12天可能出现全身皮疹。

可与其他免疫规划内的疫苗同时、不同部位接种，特别是甲肝疫苗、百白破疫苗等。满18月龄的儿童应尽早接种。有严重过敏史、发热、活动性肺结核、严重血液系统疾病、免疫缺陷或者接受免疫抑制剂治疗者不能接种。近期注射过免疫球蛋白的儿童应推迟3个月后再接种。接种本疫苗之后的2周内避免使用免疫球蛋白。

6. 麻风疫苗

接种麻风疫苗后可以预防麻疹、风疹两种疾病。它是麻疹、风疹联合减毒活疫苗。

（1）接种对象：8个月以上未出过麻疹的易感儿童。

（2）接种方法：皮下注射接种1剂次。

（3）接种反应：接种后5～6天可能有5%～10%的儿童出现低热或者一过性皮疹。对于出现高热的儿童，可对症处理。

近期注射过免疫球蛋白的儿童应推迟3个月后再接种。接种本疫苗之后的2周内避免使用免疫球蛋白。

7. 乙脑疫苗

乙脑疫苗有乙脑减毒活疫苗和乙脑灭活疫苗两种。

（1）接种对象：8个月以上的儿童；西藏、青海、新疆地区无免疫史的居民迁居或在乙脑流行季节前往其他省、自治区、直辖市时建议接种。

（2）接种方法：乙脑减毒活疫苗共接种2剂次，即8月龄、2周岁各接种1剂次。乙脑灭活疫苗共接种4剂次，即8月龄接种第1剂次，间隔7~10日接种第2剂次，2周岁接种第3剂次，6周岁接种第4剂次。其中第1、2剂次为基础免疫，第3、4剂次为加强免疫。

（3）接种反应：乙脑减毒活疫苗不良反应发生率较低，一般为局部反应和轻度全身症状。乙脑灭活疫苗第1剂次接种一般很少发生不良反应，但复种时易发生头晕、荨麻疹、全身瘙痒等不良反应。

注意事项

有发热、急慢性疾病、神经系统疾病、过敏史者不宜接种乙脑灭活疫苗。乙脑减毒活疫苗接种禁忌除以上因素以外，有免疫缺陷或者近期使用免疫抑制剂者也不能接种。

8. 流脑疫苗（流行性脑脊髓膜炎疫苗）

流脑疫苗有A群流脑疫苗和A+C群流脑疫苗两种。

（1）接种对象：6个月～15岁的儿童和青少年。

（2）接种方法：6～18月龄共接种2剂次A群流脑疫苗，2剂次间隔3个月。3岁、6岁各接种1剂次A+C群流脑疫苗，两剂次间隔应不少于3年。

（3）接种反应：有些儿童接种后局部皮肤可出现红晕、硬结的症状，伴有低热，1～2天后消退。

注意事项

接种禁忌包括有过敏史、活动性肺结核、脑部疾病、惊厥史、心脏病、精神病、急性感染发热者等。

9. 甲肝疫苗

甲肝疫苗有甲肝减毒活疫苗和甲肝灭活疫苗两种。

（1）接种对象：1岁以上的儿童。

（2）接种方法：甲肝减毒活疫苗接种1剂次，于18月龄时接种。甲肝灭活疫苗共接种2剂次，分别在18月龄和24～30月龄时各接种1剂次，2剂次接种间隔不少于6个月。

（3）接种反应：很少发生不良反应，偶有低热、呕吐、腹痛等症状，多呈自限性，可自愈，无须处理。

有发热、急性传染病或其他严重疾病者，有免疫缺陷或接受免疫抑制剂治疗者等为接种禁忌。接受过免疫球蛋白治疗的儿童应间隔3个月以上才能接种甲肝减毒活疫苗。

（二）其他常用疫苗

其他常用疫苗即第二类疫苗（计划免疫外的、公民自费并且自愿接种的其他疫苗）。

常用的第二类疫苗有流感疫苗、水痘疫苗、23价肺炎球菌疫苗（PPV23）、肺炎球菌结合疫苗、b型流感嗜血杆菌疫苗、流脑A+C结合疫苗、吸附无细胞百白破灭活脊髓灰质炎和b型流感嗜血杆菌（结合）联合疫苗等。第二类疫苗接种情况详见表3。

 第二类疫苗接种情况表

疫苗名称	接种对象	注意事项及接种方法
流感疫苗	除有接种禁忌外的人群均可接种	**注意事项** 接种禁忌有鸡蛋白过敏、心脏病、肾病、慢性肺部疾病、严重贫血、免疫缺陷患儿。 **接种方法** 6月龄~8岁儿童接种2剂次，两剂次间隔4周及以上。9岁及以上儿童和成人接种1剂次。

15

疫苗名称	接种对象	接种方法及注意事项
水痘疫苗	1岁以上的健康儿童及水痘易感者	**注意事项** 发热、一般疾病治疗期暂缓接种。使用免疫球蛋白治疗间隔1个月以后再接种。有严重疾病史、过敏史、免疫缺陷者及孕妇禁用。 **接种方法** 1~12岁儿童接种1剂次。13岁以上接种2剂次，两剂次间隔6~10周。
23价肺炎球菌疫苗（PPV23）	2岁以上的易感人群	**注意事项** 2岁以下的婴幼儿，急性感染、患发热性呼吸系统疾病者不能接种。 **接种方法** 2岁以上的高危人群接种1剂次。
肺炎球菌结合疫苗	6周龄以上的儿童	**注意事项** 有严重过敏史、白喉类毒素过敏者禁用。 **接种方法** 肺炎球菌结合疫苗有7价、10价、13价三种，其中13价疫苗保护率最高。 7价疫苗接种方法如下。 （1）3~6月龄婴儿：共接种4剂次。3、4、5月龄各接种1剂次，两剂次至少间隔1个月；12~15月龄接种第4剂次。 （2）7~11月龄婴儿：共接种3剂次。7~11月龄间开始接种，前两剂次至少间隔1个月；12月龄后接种第3剂次，与第2剂次之间至少间隔2个月。 （3）1~2岁幼儿：接种2剂次，两剂次间隔至少2个月。 （4）2~5岁儿童：接种1剂次。 10价与13价疫苗接种方法如下。 （1）3p+0方案：6周龄时接种第1剂次，每剂次间隔4~8周，接种时间可为6、10、14周龄或2、4、6月龄。 （2）2p+1方案：2剂次基础免疫+1剂次加强免疫。若6周龄接种第1剂次，间隔8周以上接种第2剂次。若7月龄以上接种第1剂次，间隔4~8周或更长接种第2剂次。9~15月龄加强免疫1剂次。 （3）1~2岁幼儿：尚未接种者接种2剂次，两剂次间隔至少2个月。 （4）2岁以上儿童：接种1剂次。

疫苗名称	接种对象	接种方法及注意事项
b型流感嗜血杆菌疫苗	2个月以上未曾感染流感嗜血杆菌的儿童	注意事项 高热时禁用。 接种方法 （1）接种4剂次+1剂次加强免疫：2月龄开始接种。间隔1～2个月接种1剂次，2～6月龄共接种3剂次。15～18月龄加强免疫1剂次。 （2）接种3剂次+1剂次加强免疫：6～12月龄开始接种。间隔1～2个月接种1剂次，6～12月龄共接种2剂次，15～18月龄加强免疫1剂次。 （3）接种1剂次：1～6周岁开始接种的儿童只接种1剂次。
流脑A+C结合疫苗	6月龄～15周岁的儿童	接种方法 （1）6～24月龄婴幼儿：接种2剂次，间隔时间不少于1个月。 （2）2～15岁儿童：接种1剂次。
吸附无细胞百白破灭活脊髓灰质炎和b型流感嗜血杆菌（结合）联合疫苗	2月龄及以上的婴幼儿	注意事项 有严重过敏史或对其中任一组分过敏或对百日咳疫苗过敏者禁用。 接种方法 3剂次基础免疫+1剂次加强免疫。2、3、4月龄或3、4、5月龄进行3剂次基础免疫，18月龄加强免疫1剂次。

四、不宜接种疫苗的情况

1 空腹或肌饿时，血糖过低，易发生严重反应，不宜接种疫苗。

2 处于疾病的急性期或患有急性传染病，应暂缓接种，以免加重病情。

3 严重的营养不良、先天性免疫缺陷、免疫功能低下的儿童不宜进行疫苗接种，尤其是活疫苗。

4 患有皮炎湿疹类皮肤病、化脓性皮肤病等皮肤病时，需要治愈后再接种疫苗。

5 患有支气管哮喘、荨麻疹等过敏性疾病时，不宜接种疫苗。

6 患有严重的心、肝、肾疾病，活动性肺结核，活动性风湿症，高血压等病的儿童，不宜接种疫苗。

7 出现发热，体温超过37.5摄氏度时，也应暂缓接种疫苗。

8 脑或神经系统疾病的患儿，比如大脑发育不正常、颅脑损伤、脑炎后遗症、癫痫等，不宜接种含有百日咳抗原的疫苗以及流脑疫苗、乙脑疫苗。

9 腹泻的儿童不宜服用脊髓灰质炎糖丸疫苗，等病好2周后才能服用。

五、疫苗接种前的注意事项

1. 携带好《儿童预防接种证》，便于医生应用和管理好预防接种记录，以免错种、重种和漏种。预防接种证作为儿童入园、入学的保健档案。

2. 确定儿童的健康状况：近期是否接触过正在患传染病的人，有无发热、咳嗽、腹泻等症状。接种前将儿童的健康状况告知医生，便于医生确定能否进行预防接种。

3. 检查是否有预防接种禁忌证和过敏史。禁忌证和过敏史包括：严重的慢性疾病，如心、肝、肾疾病，活动性肺结核，化脓性皮肤病，有急性传染病或尚未超过检疫期，有过敏史、惊厥史等。正在接受皮质激素、免疫抑制治疗等时，应告知医生，推迟接种时间。

4. 如果以往接种过同种疫苗，并且接种后有高热、抽搐、尖叫等严重反应，或者出现了荨麻疹、哮喘等过敏反应时，再次接种前一定要告知医生，以便医生判断能否再次接种。

5 从未接种过的疫苗，应向医生咨询疫苗的性质、作用和接种后的反应，以便及时观察接种后的适应状况。

6 接种前一天给儿童洗澡，保证充足的睡眠。接种当天最好穿清洁宽松的衣服，便于医生施种。

7 接种前应适当饮食、休息好，避免空腹接种，以免因饥饿或疲劳引起严重的反应。

六、疫苗接种后的注意事项

1 接种注射疫苗后应用棉签按住接种部位，止血后拿开棉签，不可揉搓接种部位。

2 接种完疫苗后必须在接种医院观察30分钟左右，无高热、呼吸困难或其他不良反应方可离开。

3 接种后要适当休息，多喝水，注意保暖。

4 接种后尽量不要洗澡，保证接种部位的干燥和清洁，防止局部感染。

5 口服脊髓灰质炎糖丸后30分钟内不能进食任何温、热的食物或饮品。

6 接种后不要剧烈活动，不要食用刺激性强的食物，以免加重反应。

7 接种疫苗后可能会出现低热、食欲不振、烦躁、哭闹等现象，可继续观察，一般情况下几天内会自动消失。若反应强烈且持续时间长，如高热持续不退、精神萎靡不振、皮肤反应越来越严重等，应及时到医院就诊，并向接种单位报告。

8 接种后24~48小时内，接种部位局部可能出现红、肿、热、痛等反应，有时注射部位附近的淋巴结也会肿大。当局部反应较严重时，可用干净的毛巾热敷。

七、疫苗接种后的常见反应及其处理

1 局部反应：注射部位局部红、肿、热、痛、瘙痒、淋巴结肿大等，一般不需要特殊处理，24小时后如果局部反应较严重，可用干净的毛巾热敷。卡介苗接种后1个月左右，局部会出现红疹、脓疱、结痂等，这些都是正常现象，家长不能用手抓挤注射部位。

2 全身反应：可有发冷、发热、全身不适、头疼等反应，出现这些反应时要注意休息，多饮水，这些不适会逐渐消失。发热一般在接种疫苗24小时内出现，持续1~2天（百白破、麻疹、流感、脑膜炎、甲肝疫苗较常见），如果体温过高，可进行对症处理，最好采用物理降温。

3 其他异常反应（为了防止发生严重的不良反应，接种后应在医院停留观察半小时，无异常再离开）。

过敏反应：一般发生率不高。若接种疫苗后出现面色苍白、心跳加快、手足变凉、口唇发绀、脉搏细弱、抽风或昏迷等症状，应立即平卧，并尽快就医。过敏反应表现多样，有过敏性休克、过敏性皮疹、神经血管性水肿、神经系统过敏症、变态反应性脑脊髓膜炎（如接种狂犬疫苗后7～30天，接种者出现手足麻木、四肢酸疼、无力及上升性麻痹等症状）等，如有以上情况，需及时就医。

晕针：一般在注射疫苗后即刻或几分钟内发生。常见于体弱、空腹、疲劳、精神紧张、恐惧的儿童，表现为突然发生的口唇面色苍白、手足变凉、无力、呼吸减慢等，少数伴有意识丧失。当发生晕针反应时，应立即让患儿平卧，保持安静和空气新鲜，喂适量的温开水或温糖水，一般情况下休息数分钟后患儿口唇会逐渐恢复红润，手足逐渐回暖，若经以上处理仍无缓解，应及时就诊。

全身性感染：先天性免疫缺陷或因其他原因造成免疫功能不全的儿童，接种活疫苗后可能会诱发全身性感染，这种情况下应迅速送医院治疗。因此，此类儿童严禁接种活疫苗。

第二章

儿童常见疾病及预防

一、新生儿黄疸

黄疸是新生儿期一种常见的临床症状，表现为巩膜、黏膜、皮肤及其他组织的黄染，巩膜黄染常先于黏膜、皮肤被察觉。新生儿黄疸包括生理性黄疸和病理性黄疸。不是所有宝宝都会出现黄疸，一般足月儿约60%会有黄疸，早产儿出现黄疸会更多一些，但大多数为生理性黄疸。

家长可在自然光线下观察，初步判断黄染的程度。

（1）轻度：仅面部黄染。

（2）中度：躯干部皮肤黄染。

（3）重度：四肢和手足心也出现黄染。

（一）生理性黄疸的特点

1.宝宝一般情况良好（吃奶、精神、睡眠、大小便情况良好）。

2.足月儿生后2~3天出现黄疸，4~5天达到高峰，5~7天消退，最迟不超过2

周；早产儿生后3~5天出现黄疸，5~7天达到高峰，7~9天消退，最长可延迟到3~4周。

3.每日血清胆红素升高低于85μmol/L（5mg/dl）或每小时低于8.5umol/L（0.5mg/dl）。

（二）病理性黄疸的特点

1.黄疸出现得早：生后24小时内出现黄疸。

2.黄疸程度高：血清总胆红素每日上升超过85μmol/L（5mg/dl）或每小时超过0.85umol/L（0.5mg/dl）。

3.黄疸持续时间长：足月儿超过2周，早产儿超过4周。

4.黄疸退而复现。

5.血清结合胆红素超过34μmol/L（2mg/dl）。

具备其中任何一项者即可诊断为病理性黄疸。

（三）母乳喂养有关的黄疸

1. 母乳喂养相关的黄疸

母乳喂养的1周内的新生儿，由于摄入不足、排便延迟等而出现血清胆红素升高的情况，继而出现黄疸。此种情况可通过增加哺乳次数和哺乳量得到缓解，一般不易发生胆红素脑病。

2.母乳性黄疸

母乳喂养的婴儿，若生后3个月内仍有黄疸，在排除其他病理性因素的情况下，考虑为母乳性黄疸。母乳性黄疸的宝宝在吃奶、精神、睡眠、大小便等方面情况良好，无溶血和贫血的表现，多为轻中度黄疸，很少引起严重后果。一般情况无须特殊治疗。

预防护理

① 可用2～3天的时间，每次哺乳前将母乳吸出来存放于消毒后的奶瓶中，将奶瓶浸于50～60摄氏度的水中15分钟，待母乳中葡萄糖醛酸苷酶的活性被破坏之后再喂给宝宝吃。

② 不提倡停母乳，可以少量多餐，配合腹部按摩增加肠蠕动，以及服用退黄中成药、益生菌来促进胆红素的排泄。

③ 多晒太阳可以改变间接胆红素的结构，形成光异构体，有利于胆红素通过尿液排出。

④ 当胆红素超过15mg/dl时可暂停母乳喂养，若黄疸明显下降，确定为母乳性黄疸，可继续母乳喂养。若胆红素水平较高，宝宝的一般情况较差，应及时到医院就诊。

二、湿　疹

湿疹是婴儿时期最常见的皮肤病之一，由多种内外因素引起，常表现为过敏性皮肤炎症。多数湿疹患儿有过敏体质或家族遗传过敏史。湿疹无明显季节性特征。

皮疹以丘疱疹为主，常对称分布，边界不清，多发于头面部，严重的可蔓延至全身，伴剧烈瘙痒，反复发作，一般不留瘢痕。

 预防护理

① 皮肤的护理：勤洗澡，沐浴后及时擦干皮肤，涂抹宝宝专用润肤霜或润肤露，注意局部皮肤的保湿。洗澡时水温不宜过高，尽量少用化学洗浴用品，忌用刺激性强的外用药。尽量避免搔抓和摩擦。

② 保持适宜的室温，避免日光直射。

③ 衣物的选择：应选择宽松的纯棉衣物，不要穿盖太多，避免接触毛织、化纤衣物。

④ 母乳喂养的母亲不宜食辛辣燥热性食物及鱼腥虾蟹类、牛羊肉等发物，注意回避导致患儿湿疹加重的食物。患儿忌添加虾、蟹、鱼等易过敏食物。

⑤ 经过以上处理，湿疹没有减轻或变得更严重，应及时带宝宝到医院就诊。

三、痱 疹

痱疹是由于体内或外部环境温度过高，汗液排泄不畅引起汗管周围发炎所致，多见于肥胖的婴幼儿，常发于炎热夏季。

痱疹分红痱、白痱和脓痱。

（1）红痱：好发于头面部、颈部、肘窝、躯干及腹股沟等皱褶处。皮疹表现为针头大小的红色丘疹及丘疱疹，周围有红晕，摸上去有点轻微扎手，出现迅速，面积大。

（2）白痱：为非炎性半透明针头大薄壁水疱，轻擦即破，干后有极薄鳞屑。局部有瘙痒或灼热症状。常见于高热患儿。

（3）脓痱：红痱患儿若护理不当，很容易发生化脓感染，形成脓痱，表现为毛囊炎、疖、脓肿及脓疱疮。

① 控制室内的温度和湿度，温度保持在24～26摄氏度，湿度以60％左右为宜。

② 穿戴全棉宽松的衣物，不要"捂"。

③ 勤洗澡、勤换衣，保持皮肤清洁干爽。

④ 吃清淡易消化的食物，少吃刺激性的食物。

⑤ 避免搔抓，防止继发感染。

四、鹅口疮

　　鹅口疮多见于营养不良、腹泻、长期使用广谱抗生素或类固醇激素的新生儿和婴幼儿，是婴幼儿期最容易发生的口腔黏膜病。新生儿多由产道感染或因哺乳时污染的奶头和哺乳器具感染。表现为口腔黏膜表面覆盖白色乳凝块样小点或小片状物，可逐渐融合成大片，周围无炎症反应，不易擦去，强行剥离后局部黏膜潮红、粗糙，可有溢血。症状轻微时不痛，不流涎，不影响吃奶，无全身症状。

 治疗措施

　　一般轻度的可以采用2%的碳酸氢钠溶液清洁口腔和哺乳器具、餐具。清洁效果不佳或反复发作的建议局部涂抹10万～20万U/ml制霉菌素鱼肝油混悬溶液，每天2～3次，持续1～2周。

预防护理

① 积极治疗产妇的阴道霉菌病，切断传播途径。

② 保持口腔清洁，进食后及时清洁口腔。

③ 哺乳器具、餐具确保每餐消毒。

④ 母亲哺乳前应用温水清洗乳晕和乳头，勤洗澡，勤换内衣，勤剪指甲。每次抱宝宝前要先洗手。

⑤ 宝宝的被褥和玩具要定期拆洗、晾晒。

⑥ 宝宝的洗漱用具要和家长分开，并定期消毒。

五、惊　厥

惊厥常见于6岁以下的儿童，尤以6个月至2岁多见。惊厥只是一种症状，而不是一个独立的疾病。

发生惊厥时，应积极做好以下护理：

1. 将宝宝放于床上，取侧卧位，及时清除口咽分泌物或呕吐物，保持呼吸道通畅，防止误吸，发生窒息。

2. 解开领口、松开裤带，不随意搬动宝宝。

3. 保持室内安静，减少和避免不必要的刺激，派专人守护在床边或放床挡以防摔伤。

4. 防止舌咬伤。惊厥发作时宝宝牙关紧闭，易发生舌咬伤，可在上下牙齿之间放上布垫或牙刷柄，也可用压舌板外包纱布置于其间，不要硬撬宝宝的口腔。

5 由高热引起的惊厥，要尽快降低体温。可采用物理降温方法，如在颈旁、腋下、腹股沟大血管处放置冰袋。

6 尽快找出引起惊厥的原因。惊厥不止的，要立即送医院治疗。

惊厥对宝宝的健康有一定的影响，应积极进行预防，方法主要有：

1 加强护理和体格锻炼。室内应经常开窗通风，多带宝宝到室外活动，使宝宝能适应环境，减少感染性疾病的发生。

2 要注意均衡营养。宝宝除了奶类以外，还应当及时添加辅食，如鱼肝油、钙片、B族维生素以及各种矿物质，不能让宝宝受饿，避免发生低钙和低血糖性惊厥的情况。

3 要合理用药，防止宝宝误服有毒的药品。

4 加强安全看护。防止宝宝跌撞头部引起脑外伤，更不能随意用手打宝宝的头部。

六、尿路感染

女性泌尿道感染的发病率普遍高于男性，但在新生儿或婴幼儿早期，男性的发病率却高于女性。

婴幼儿尿路感染临床症状不典型，主要表现为发热、拒食、呕吐、腹泻等全身症状，排尿时哭闹不安，尿布有臭味，存在顽固性尿布疹等。

预防护理

❶ 多饮水，多排尿，有助于冲洗尿道，促使细菌素和异常分泌物排出。

❷ 注意个人卫生，不穿开裆裤，勤换纸尿裤，勤洗外阴，排便后及时清洗臀部：女宝宝要从前往后擦洗，男宝宝要翻开包皮清洗。

❸ 确诊尿路感染的患儿，一定要按医嘱服药，不得擅自停药，以免造成病情的反复，导致慢性泌尿道感染。

七、急性上呼吸道感染

急性上呼吸道感染是由各种病原体侵犯鼻、鼻咽和咽部引起的急性感染，俗称"感冒"，它是儿童最常见的疾病。主要表现为急性鼻炎、急性咽炎、急性扁桃体炎等。90%以上的上呼吸道感染为病毒感染。

1. 一般类型的急性上呼吸道感染（普通感冒）

常见表现为鼻塞、流涕、喷嚏、咽部充血、扁桃体肿大、发热、烦躁不安、头痛、乏力等，病程一般为3～4天。部分患儿有食欲不振、腹泻、腹痛等消化道症状。如腹痛持续存在，要考虑并发急性肠系膜淋巴结炎的可能。查体，下颌和颈淋巴结肿大。肺部听诊一般为正常。

2. 疱疹性咽峡炎

疱疹性咽峡炎的主要病原体为柯萨奇A组病毒，好发于夏秋季。主要表现为高热、咽痛、流涎、食量减少甚至拒食等。有咽部充血的症状，在口腔黏膜上可见多个小灰白色、周围有红晕的疱疹，疱疹破溃形成小溃疡。病程为1周左右。

3. 咽结合膜热

咽结合膜热的病原体为腺病毒第3型和第7型，好发于春夏季。临床表现为高热、咽痛和眼部刺痛。查体，咽部充血，可见白色点块状分泌物，周边无红晕，易于剥离；一侧或双侧滤泡性结膜炎，可伴球结膜出血；颈及耳后淋巴结增大。病程一般为1~2周。

预防护理

① 病毒性上呼吸道感染，多为自限性疾病。要充分休息，防止交叉感染及并发症。

② 抗病毒药主张早期应用。给予对症处理，如鼻塞可酌情给予减轻鼻充血的药物，咽痛可给予咽喉含片，溃疡处可给予生理盐水清洗，再用1%的碘甘油涂抹。

③ 发热期宜食用流食或软食，营养均衡，避免营养不良，多饮水。

④ 加强体格锻炼，增强抵抗力。

⑤ 母乳喂养的患儿应少量多次喂奶。

⑥ 讲究个人卫生，避免诱因。穿衣过多过少、室温过高过低、天气骤变、环境污染、被动吸烟等都是诱因。

⑦ 避免交叉感染：（1）尽量不去人多拥挤、通风不良的公共场所。（2）居室多通风换气，保持适宜的温度、湿度。（3）及时消毒患儿用具。（4）接触患儿后洗手，患病者避免与健康儿童接触。

⑧ 多食富含维生素C的水果。

八、流　感

　　流感是由流感病毒引起的急性呼吸道传染病。流感的潜伏期为1~7日，多为1~4日。其表现较普通感冒重，突发高热、寒战、头痛、乏力、全身不适等为其特点，咳嗽、鼻塞、咽痛等上呼吸道卡他症状较轻。少数患儿可有呕吐、腹泻等消化道症状。发热持续3~5日后消退，全身症状减轻，但上呼吸道症状较前加重。

　　流感在人与人之间传播能力很强，主要的预防措施如下。

1 在流行地区或流行季节加强流感的检疫，以早期发现患儿，及时隔离。患儿用具及其分泌物要彻底消毒。

2 保持室内空气流通，流行高峰期避免去人群聚集场所。

3 加强个人卫生知识宣传教育。养成良好的个人卫生习惯，勤洗手，避免用脏手接触口、眼、鼻，咳嗽、打喷嚏时应使用纸巾等，避免飞沫传播。

4 加强体格锻炼、增加营养，以增强体质，提高抗病能力。气候多变时，注意及时增减衣物。

5 在流行期间对易感人群进行流感疫苗的接种，接种与当前流行株相一致的疫苗。

九、肺　炎

肺炎属于严重的急性呼吸道感染，儿童感染肺炎多发生在5岁以下，6个月以内的婴儿肺炎死亡率远远高于其他年龄组。

最常引起儿童肺炎的病原体是细菌、病毒或支原体、衣原体等。营养不良、维生素A缺乏、房间内空气污染、低出生体重儿都是肺炎的高危因素。

肺炎的主要表现：发热、咳嗽、气促和呼吸困难，肺部有湿啰音。

治疗原则：加强护理、控制感染、改善呼吸道通气、防止缺氧、对症治疗等。

预防护理

❶ 加强体格锻炼，增强体质。多进行户外活动，多晒太阳，增加接触日光和新鲜空气的机会，提高儿童对环境温度变化的反应能力，从而预防儿童呼吸道感染及肺炎的发生。

❷ 注意儿童营养，保证膳食营养平衡，提倡母乳喂养，及时添加辅食，培养良好的饮食卫生习惯，增强机体的免疫能力，从而预防呼吸道感染及肺炎的发生。

❸ 注意经常洗手，避免被动吸烟。

❹ 尽量少去人多的地方，如超市、商店、游乐场、电影院等空气不流通的场所。当地有呼吸道感染流行时，家中所有成员回家后应认真清洁双手，加强个人卫生，以免将病原体带回家，造成家庭内部传染。家中有上呼吸道感染的患者时，尽可能避免与婴幼儿接触，并应戴口罩、勤洗手、用具勤消毒，以免造成家庭传播。

❺ 及早治疗上呼吸道感染，以防扩散至下呼吸道，发展成肺炎。对患病的患儿，应加强护理，居室应保持空气流通，保持适宜的室温（18～24摄氏度）和湿度（60%）。注意保持呼吸道通畅，及时吸去呼吸道内分泌物，经常翻身，变换体位，促进痰液的排出。饮食应清淡、富含营养易消化，少食多餐，饮水应充足，促进早日康复。做到早发现、早治疗。

❻ 预防接种，可对易感儿童加强流感疫苗的接种。13价肺炎球菌结合疫苗，适宜于2岁以下的儿童接种；23价肺炎球菌多糖疫苗，适宜于2岁以上的儿童接种。

十、手足口病

手足口病是一种急性传染病，主要由柯萨奇病毒A16、肠道病毒71型（EV71）和埃可病毒（Echo）的血清11型引起。手足口病已被列为丙类传染病，患儿和隐性感染者是主要传染源，主要通过消化道、呼吸道和接触传播（例如粪便疱疹液、打喷嚏的飞沫、毛巾、茶杯、玩具、餐具、奶瓶及床上用具等）。多见于5岁以下的婴幼儿，托儿所、幼儿园和学校易发生集体感染。由于该病的传染性强，因此常引起暴发流行，每隔2~3年流行一次，该病多发生在夏秋季。

大多数手足口病患儿症状轻微，仅表现为发热、厌食和皮疹。皮疹无痒感，多发生在手指或足趾掌面、指甲周围、口腔黏膜、肛门周围及会阴处，不遗留瘢痕及褐色素沉着。口腔黏膜疹出现得较早，开始为粟米样斑丘疹或水疱，周围有红晕，常伴有流口水、咽痛等症状。发热病程1周左右，整个病程持续7~10日，预后良好。个别重症患儿尤其是感染肠道病毒71型的，病情进展快，合并严重并发症，多器官功能受损，严重者可导致死亡。

有以下因素提示有重症的可能：

（1）3岁以下；

（2）出现持续高热不退、精神萎靡、呼吸浅快、心率加快、末梢循环不良、高血糖、外周血白细胞计数明显增高或降低等症状。

手足口病的防治：应采取综合治疗措施，注意休息，清淡饮食，加强营养，补充足够的水分，做好口腔和皮肤护理，对症处理，如降温、镇静止痛等。密切观察病情，及早发现重症病例并及时采取治疗措施。

注意事项

① 患儿应隔离14日。

② 注意保持良好的个人卫生习惯，居室要经常通风，勤晒衣被，注意玩具和餐具的消毒。

③ 做到早发现、早诊断、早隔离、早治疗。

④ 可接种手足口疫苗，可用于6月龄至5岁儿童，接种2剂次EV71灭活疫苗，间隔28日，肌内注射。

十一、缺铁性贫血

缺铁性贫血是婴幼儿时期最常见的一种贫血。它是因食物中铁摄入不足、体内铁储存缺乏等，造成机体缺铁，导致血红蛋白（Hb）合成减少而引起贫血。我国儿童铁缺乏的高危人群主要是6~24月龄的婴幼儿和青春期儿童。

2013年提出的我国儿童铁的适宜摄入量各年龄组儿童每日膳食铁摄入量（RNI）为：1~3岁9mg；4~6岁10mg；7~10岁13mg；11~13岁15mg（女是18mg）；14~18岁16mg（女是18mg）。动物性食品含铁量多，其大多为血红素铁，吸收率高。总之，为预防缺铁性贫血的发生，婴幼儿每日摄入的铁，包括食物中所含的铁，每千克体重以1mg为宜，每日总量不超过15mg。

贫血表现：皮肤黏膜渐苍白，以口唇、指（趾）甲床及口腔黏膜苍白最明显。体力差、易疲乏、不活泼、不爱动、食欲减退、精神萎靡，生长发育缓慢，肝、脾、淋巴结可增大，消化功能紊乱，循环功能障碍，免疫功能低下。

（1）Hb符合世界卫生组织（WHO）儿童贫血诊断标准：

· 新生儿生后10日以内 Hb<140g/L；

· 6个月至不满7岁 Hb<110g/L；

· 7~14岁 Hb<120g/L。

注： 以上Hb测定均用氰化法，上述标准适用于海平面，海拔每升高1000m，Hb上升约4％。

（2）贫血程度判断：Hb范围在90~109g/L为轻度贫血，60~89g/L为中度贫血，小于60g/L为重度贫血。

预防：营养性缺铁性贫血是完全可以预防的。

预防重点应放在合理安排饮食上，具体措施如下：

1 0～6个月提倡纯母乳喂养。

2 0～6个月若不能纯母乳喂养的，建议采用铁强化配方乳，不建议单纯牛乳喂养。

3 婴儿满6月龄后应及时增加含铁丰富的辅食，如强化铁米粉。

4 幼儿期注意食物的均衡和营养，纠正挑食、偏食等不良习惯。

5 多食用含铁量多、吸收率高的食物（见表1），保证足够的动物性食物和豆类制品，同时鼓励进食含维生素C丰富的蔬菜和水果，促进铁的吸收。

6 按时进行健康检查，具有缺铁高危因素的幼儿，建议每年进行一次Hb检测。做到早发现、早治疗。

表1 主要食物中的铁含量及其吸收率

食物名称	铁含量/ （mg/100g）	铁吸收率/%	食物名称	铁含量/ （mg/100g）	铁吸收率/%
大米	2.3	1.0	母乳	0.1～0.2	50.5
标准面粉	4.0	5.0	牛乳	0.1～0.2	10.0
玉米	1.6	3.0	蛋	2.7	3.0
大豆	11.0	7.0	鱼	0.7～1.6	11.0
赤豆	5.2	3.0	猪瘦肉	2.4	22.0
菠菜	1.8	1.3	牛瘦肉	3.2	22.0
莴苣	2.0	4.0	猪肝	25.0	22.0
青菜	3.9	不详	鸡肉	4.5	不详
黑木耳	185.0	不详	食油	0	0
海带	150.0	不详	动物血	3.0～4.0	12.0

十二、食物过敏

WHO现认为过敏性疾病是21世纪的流行病之一。过敏性疾病已成为危害儿童身心健康的一种常见的慢性疾病。一级预防阻断食物致敏过程难以达到，目前儿童食物过敏的预防重点是二级、三级预防。

1. 二级预防

二级预防即采取母乳喂养、低敏性配方奶、延迟引入固体食物等综合干预措施，抑制致敏后疾病的发生，减少抗原再暴露机会。

（1）为预防婴儿花生过敏，建议妊娠妇女限制进食花生。

（2）鼓励母乳喂养。纯母乳喂养可以提高4月龄以下婴儿的食物耐受性，减少食物过敏和过敏性皮肤病的发生。

（3）水解蛋白配方。部分母乳或配方奶喂养的婴儿选用部分水解蛋白配方（pHF）或深度水解蛋白配方（eHF），减少抗原再暴露机会，可能有一定降低或延缓过敏性疾病发生的作用。

（4）营养补充剂包括益生菌、n–3多不饱和脂肪酸。

（5）引入固体食物延后。WHO推荐的预防食物过敏策略是婴儿纯母乳喂养至6月龄。建议6月龄后逐渐给婴儿引入蔬菜、水果、肉类、奶制品、蛋黄等；1岁后可食蛋白；2岁后可食花生、坚果、芝麻、贝壳类食物。

（6）环境干预。减少母亲妊娠期及婴儿吸入过敏原暴露，避免烟草中烟雾暴露。

2. 三级预防

三级预防即治疗以缓解过敏症状，包括抗组胺药、糖皮质激素等对症治疗，免疫治疗，以及清热解毒的中药治疗。

十三、腹泻病

　　腹泻病主要特点为大便次数增多和性状改变，可伴有发热、呕吐、腹痛等症状以及不同程度的水、电解质、酸碱平衡紊乱。它是2岁以下婴幼儿的常见病。由于健康婴幼儿的大便次数和性状是因人而异的，所以腹泻的定义不能一概用某一特定的数值，而应该与该婴幼儿既往大便的情况进行比较。比如健康小月龄的婴儿一天可以排便3~10次，大便可以是黄稀的、绿色的、带有奶瓣的、带有泡沫的，这都是正常的。喂母乳的婴儿大便可能会比喂奶粉的婴儿大便次数更多一些，性状更稀一些。所以要判断婴儿是否腹泻，就需要了解他平时的大便情况，一般婴儿大便次数是平时的两倍以上就可以考虑腹泻。较大一些的婴幼儿可能一天只排1~2次软便，如果每天排超过3次以上的稀便就可以考虑腹泻。大便中出现了黏液或血丝，或者出现黑便、蛋花汤样大便，都是不正常的，要及时就医。

　　小儿腹泻的治疗原则： 合理饮食，维持营养；迅速纠正水、电解质平衡紊乱；控制肠道内外感染；对症治疗，加强护理，防治并发症；避免滥用抗生素。

（1）精神状态还不错，没有发热，食欲尚可，哭时有泪，4～6小时有尿，建议先观察，不要第一时间用药。不常规推荐使用止泻药。

（2）积极补液、预防脱水是关键。建议在每次稀便后补充一定量的液体（6个月以下者，50ml；6个月～2岁者，100ml；2～10岁者，150ml；10岁以上的患儿能喝多少给多少），直到腹泻停止。

（3）继续饮食。继续母乳喂养，并且增加喂养的频次及延长单次喂养的时间；哺乳妈妈要禁止食用生冷食物；混合喂养的婴儿，应在母乳喂养的基础上给予口服补液盐（ORS）或其他清洁饮用水。人工喂养小于6月龄的患儿，配方奶加等量米汤或水稀释，由少量逐渐增加，喂养2天，直到恢复正常饮食。人工喂养儿考虑乳糖不耐受，可以换用去乳糖奶粉，如果考虑牛奶蛋白过敏，建议换用水解氨基酸奶粉。大于6个月者给予粥、面条、烂饭等易消化的饮食，2天后恢复正常饮食。

中重度脱水者：需要住院给予静脉补液。

预防措施

合理喂养，以清淡富有营养为宜；注意卫生管理，培养良好的卫生习惯；勤洗手，防止病从口入；流行季节应注意消毒隔离；注意天气变化；防止滥用抗生素。

十四、便　秘

便秘是指排便次数明显减少，大便干燥、坚硬，秘结不通，排便时间间隔较久（大于2天），无规律，或虽有便意而排不出大便的情况。小儿便秘可以分为功能性便秘和器质性便秘两大类。

有原发病者应积极治疗原发病（如先天性巨结肠及巨结肠类缘病、肛门狭窄、甲状腺功能低下等）。治疗功能性便秘的根本应放在改善饮食内容上，多补充水分和含纤维素多的食物，同时养成排便习惯。

功能性便秘的干预措施如下。

1 缓解父母及儿童的急躁情绪。

2 合理饮食：避免挑食、偏食，多食含膳食纤维高的食物（水果、蔬菜、粗粮）。

3 足量饮水。

4 增加活动量。

5 排便训练：定时排便，每天晨起排便；控制排便时间，保持在5～10分钟（若时间过长，不要催促，慢慢调整）；学会正确的排便用力方法。

> **开塞露可用于急性便秘，但不能长期使用。**

第三章

儿童意外伤害

一、睡眠的安全防护

选择合适的婴儿床：

1 检查婴儿床是否牢固，所有螺钉是否紧固，而且要随时检查。

2 婴儿床的护栏高度应在60～65cm，中间不能有横撑，护栏间距应该在52～58mm，避免因缝隙过大或过小而将宝宝的手脚卡住。

3 含有脚轮的婴儿床，四个脚轮中至少有两个可以锁定，家长应注意随时制动，避免床体滑动。

4 选择舒适、大小合适的床垫，要注意床垫与床缘之间不要留有间隙，避免宝宝将手指头伸到缝隙中掏挖。

5 最好选用原木色不带油漆的婴儿床。

6 为防止发生严重的跌落伤，可在小床的周围铺上地垫或毯子。

7 婴儿床的摆放要远离窗户、灯具、加热器、插座以及能爬上去的家具。

如果是跟大人同床，床的另外三边要安装好防护栏，或者一边靠墙，另外两边安好防护栏。

避免给宝宝使用有潜在危险的床上用品，如长绒毛毯、枕头等，防止其阻碍宝宝的呼吸道，睡觉时注意大人的被子和枕头不要压住宝宝。

二、玩具的安全防护

如何正确选择宝宝的玩具？

1 选择符合国家安全标准的玩具。

宝宝喜欢用咬、啃、摔等方式玩玩具来探索世界，所以一定要保证玩具的安全性。最好是选择符合国家安全标准的品牌玩具，性价比高且有安全保证。

2 选择适合宝宝月龄的玩具。

适合宝宝月龄的玩具，不仅能够愉悦宝宝的情绪，还可以锻炼宝宝的手眼协调能力、思考能力、想象力和理解力。玩法单一的玩具，宝宝可能没有成就感；太难的玩具，宝宝目前的能力还达不到，很容易有挫败感，因此选择合适的玩具对宝宝的健康发展是很有益处的。

3 选购玩具时，如果玩具上有以下部件，建议不要选择：

注意事项

❶ 细小零件。玩具上有纽扣、珠子、亮片等细小部件，购买前一定要仔细检查一下这些小零件是否牢固，如果容易被宝宝拽下来，就不要选择。家中的玩具，若发现小部件松动了应该及时加固，以免这些小零件拽下后被宝宝误吞服。

❷ 长绳。玩具上的丝带也属于危险物品，因为它们可能会缠住宝宝的手脚、脖子，会将宝宝绊倒，甚至会引起呼吸困难。过长的绳子不给宝宝玩耍。拖拉型的玩具最好选择能发出声音的，这样大人听到声音就能知道宝宝正在玩这个玩具，能够加以留意。

❸ 拉链、弹簧、夹子。这些零件容易夹住宝宝的手指或头发，家长最好不要给宝宝玩带有这些部件的玩具。

4 声音过大的玩具，最好不要选择。不要选择声音高于100分贝（就是大人在听的时候都觉得声音很吵）的玩具，以免损伤宝宝听力。近耳玩具产生的连续声音不应超过65分贝。购买发声玩具时，应选择声音大小可以调节的玩具。这类玩具都是要使用电池的，要选择电池槽盖有螺钉固定的玩具，以免宝宝自己打开电池槽盖。

三、水的安全防护（防溺水）

水给人带来欢乐享受之余，也潜藏着安全危机，玩水嬉戏前多一分准备和清醒，就可以带给我们欢笑，更可以避免悲剧的发生。那么我们应该如何防溺水呢？

1. 加强安全教育

应从小告知宝宝不要到无安全设施、无救护人员的水域游泳；不到不熟悉的水域游泳。

2. 加强对儿童的看护

任何时候都不要让宝宝脱离看护人的视线，即使在做家务,宝宝也不能脱离看护人的视线。家里的水桶、水盆、浴盆等容器不用时不要盛水。水深超过5cm，面部浸入2分钟能导致窒息，脑细胞缺氧超过4分钟就会对大脑造成不可逆的损伤。卫生间的门在不使用时应该关紧，不要让宝宝随意进入，马桶盖应盖上，对于1～2岁刚学会走路且具有探索欲的宝宝，家里更应加用马桶锁。给宝宝洗澡时，无论发生什么事情，都不要将宝宝单独留在盆里。

四、汽车里的安全防护

汽车已经成为当今社会常用的交通工具，在乘坐汽车的时候，一定要注意做好安全防护。

1. 系安全带

这是行车时的一个基本乘坐要求，主要是为了保护乘坐人的人身安全。应让儿童从小养成系安全带的好习惯。

2. 乘坐位置的选择

12周岁以下的儿童不要乘坐副驾驶位置。让儿童养成在后排坐车的习惯，儿童坐在后排，这样无论汽车是否有气囊，致命伤发生的概率都会下降。

3. 儿童座椅的选择不要怀抱儿童或完全放任儿童随意坐于车中，为了儿童的安全，应选择合适的符合国家标准的儿童安全座椅

 1岁以下的婴儿固定在后向式儿童专用座椅上，与未系安全带的儿童相比，其受伤害的概率可减少90％。

2 幼儿坐在增强型儿童座椅上的安全性能可提高80%。

3 正确地安装安全座椅：安全座椅必须稳固地安装在汽车后座上，如果汽车安全带的腰跨部分不紧或安全座椅在座位上滑动，便无法提供充分的保护；当安全座椅固定好时，左右摇动幅度不会超过2cm的距离；为使安全座椅固定稳当，可以将安全座椅向汽车座位中压，同时勒紧汽车安全带，如果它还是摇动，须安装在车内其他位置或换用其他类型的汽车安全带。

4. 任何时候都不要将宝宝独自一人留在车内

五、居家安全防护

（一）防跌伤、防坠落、防割伤、防刺伤

宝宝天生爱探索。会翻身、会爬、会走路的宝宝，容易从床上跌落，容易被桌子角、门或窗户等硬的角碰着，也容易被和他们身高差不多的家具磕着。他们无法认识到剪刀、刀子、针等锋利物品的危险，反而对这些物品具有很浓厚的兴趣，因此我们要时刻注意，预防意外伤害的发生。

预防意外伤害

❶ 活动场所：给宝宝提供一个有足够空间的、能安全行走的环境，玩耍的地方不要有过多的家具和物品，避免绊倒宝宝。地面平整无凸起，在家具的边缘、有凸出部分的柜子和有尖角的窗户上加装防护条，并给桌椅板凳的尖角装上柔软材质的安全防护角。住宅在一层以上，飘窗阳台须安装防护栏杆或防盗网。阳台栏杆的间隔不可太大，以免宝宝穿过间隔导致坠落。

❷ **生活用品注意收纳**：易碎的器皿及刀、剪刀、针等锋利物品应放于宝宝碰不到的地方，可放在高处或锁在抽屉里。用完的物品应及时放回原处，不要堆放在地上而成为宝宝活动空间的绊脚石。

❸ **加强看护力度**：宝宝睡觉时注意陪护，加设床围，避免坠床。当宝宝坐在小车、高脚椅或其他较高的地方时，身边一定要有人看护。对于那些喜欢登高的宝宝，家长可用做游戏的方式，让宝宝知道这样做可能带来的危险后果。家长最好准备适合宝宝的安全专用椅子，尽量不用折叠椅，来保证宝宝的安全。

意外伤害发生以后，家长可以先对宝宝的情况做个初步的判断：宝宝跌伤后就地观察，期间不要移动、摇晃宝宝，观察宝宝是否有意识，是否有流血、骨折等损伤。如果宝宝意识清晰，身体没有明显损伤，哭一会儿后就能和之前一样活蹦乱跳，就可以不去医院而在家处理。

1 跌伤无皮肤破损的一般情况，先用冷水将毛巾弄湿，或者用冰块（用布包裹）冷敷在受撞的地方，起到止血、消肿、止痛的目的。切忌反复揉搓局部加压。24～48小时后才可热敷。

2 轻微划伤和擦伤，先用0.9%的生理盐水或清水清洁伤口，涂抹适量碘伏。创面应暴露，有利于伤口结痂。

3 伤口出血，如果伤口小、浅，可以用生理盐水冲洗局部，用创可贴敷于患处，如果伤口很大、很深，或伤在关节韧带等功能部位且出血多，可用消毒纱布或绷带加压止血，并立即送医院治疗。

注意事项

① 观察宝宝的情况，怀疑是否有骨折、脱臼。

② 若伤及头部，应观察头部有无血肿，尤其是后脑勺着地的，应注意颅脑有无损伤出血。有些颅内出血出现症状的时间较慢，所以48小时内还是应该密切观察宝宝的精神状态是否正常（简单的说就是宝宝是否和摔伤以前一样吃喝拉撒）。如果宝宝出现烦躁、精神萎靡、恶心、走路不稳、出现口齿不清等情况，就要立即去医院，避免因未及时发现、抢救延误而出现危险。如果是单纯的头皮血肿应及时冷敷，不能按摩血肿部位。

③ 伤及胸腹展背部位时，应看看有无腹部膨隆、腹疼、口渴及小便带血等情况，尤其应注意由于伤及脾脏造成的大量内出血的严重情况。

④ 如果弄不清宝宝跌伤在什么部位时，也应观察宝宝有无上述各种情况以及宝宝的精神状况。

（二）烧（烫）伤的预防

烧（烫）伤是儿童经常遇到的伤害，多发生于5岁以下的儿童，婴幼儿占半数以上。日常生活中以烫伤多见，火焰烧伤其次，少数为化学灼伤或电灼伤。儿童的皮肤薄而嫩，表皮内运动神经对热的反应强烈，接触温度不太高的热物也可导致烫伤，同等热力在其身上造成的损伤比成人严重。

预防烧（烫）伤

① 家长要高度重视宝宝烧（烫）伤的预防。家长应及早对宝宝进行安全教育，使宝宝从小就有预防烧（烫）伤的自我保护能力。

② 加强厨房用具及电热用具的管理，以减少烧（烫）伤。因此，家中的热水瓶、刚用完的电熨斗、装有热水的杯子以及刚从火上取下来的锅、茶壶等都应放在适当的地方，确保宝宝不能碰触到。冬季使用热水袋、取暖器、热水瓶时一定要小心，取暖器一定要有围栏防护。

③ 给宝宝洗澡时，先放凉水再放热水，以免宝宝误入热水盆烫伤。使用淋浴时，水温应调至48摄氏度以下。

④ 把家中的易燃物品，如香水、油漆、汽油、乙醇等收藏好，放在宝宝不能触及的地方。严格控制火种，如火柴、打火机等。

⑤ 选择人工喂养的婴儿一定要注意奶的温度。

烫伤发生时，家长应及时做一些处理：

1 立即用凉水冲洗或浸泡烫伤部位，至少15分钟，以减轻疼痛和局部损伤。不要直接将冰块敷在烫伤处，因为这会导致伤口冻伤，造成二次伤害，大面积使用会导致低体温甚至休克。

69

2 凉水冲洗后，除去烫伤部位的衣物，若衣物粘在皮肤上，不要强行弄下来，以免二次损伤加重创伤。

3 保持创面清洁防感染。不要在创面涂抹一些药物和食品，如酱油、醋、香油、牙膏、小苏打等，这些食品会对创面造成感染，也不要在创面涂抹紫药水或者红汞，这样做不仅起不到作用，还会遮盖创面，为诊断带来麻烦。

4 若烫伤的部位相对较小，可局部抹烫伤药膏。若烫伤范围相对较大、程度较深，应尽快到医院就诊。

5 烫伤如有水疱，切勿自行将水疱挤破，须保持水疱的完整性，如水疱过大，可到门诊用经过消毒的注射针头刺破，以免发生感染。水疱刺破后，疱皮尽量保留，避免去除，然后涂抹烫伤药膏。

（三）触电的预防

现代的生活已经离不开电，与电接触的机会随社会的发展而增多，触电的原因多为用手触摸电器、电源插口或手抓电线等。

1 定期检查，保证电线完好无损。房间中的电线应沿墙壁铺设（按装修时的操作来）。

2 家用电器不使用时，应拔出插头切断电源，插座处盖好防护盖，防止宝宝把手指或其他尖锐物件塞入插头中而导致触电。

3 家中不用或尽量少用接线板。家用电器的电线不要太长，以免绊倒宝宝，如果有额外加长的电线，应绑到需要的长度。所有电插座都应加保护罩。

（四）中毒的预防

1 药品或其他有毒的物品应妥善保管，加锁入柜，避免宝宝接触。家用化学品均要储存在原来的包装容器中，特别注意不能将消毒剂、清洁剂、杀虫剂等存放于饮料瓶、饼干盒、糖果罐中。

2 正确使用燃气、热水器，多注意开窗通风及安全防护。炉具要定期检修，保证管道无泄漏。使用燃气的过程中要打开通风设备或开窗通风。

3 给宝宝喂药前按医嘱认真核对药瓶标签、用量和服用方法。

4 施用农药的蔬菜食用前要在清水中多浸泡、洗净。不食用刚施过农药、不到采摘期的蔬菜瓜果。

（五）意外窒息的预防

意外窒息是指各种原因导致的呼吸道通气障碍继而引起血液缺氧的状态。意外窒息是我国儿童意外死亡的常见原因，儿童意外窒息死亡与不适当的护理习惯密切相关。常见的意外窒息原因有：

（1）蒙被窒息

（2）哺乳不当

（3）睡卧姿势不当

（4）气管异物

① 单独给宝宝盖大小合适的被子，或让宝宝睡小床，家长不要与宝宝同盖一条被子。宝宝盖的被子不要太多、太大，不要盖过宝宝的头。打包被时，不给宝宝打"蜡烛包"，应将宝宝的双手放在外面，这样有利于宝宝的生长发育。也可以直接给宝宝穿防惊跳反射睡袋，以避免"蒙被综合征"的悲剧发生。

② 哺乳时应抱起宝宝，哺乳结束应拍嗝后再放下宝宝睡觉。睡觉时将宝宝的身体和头偏向一侧。不能让宝宝含奶嘴或奶头睡觉，避免发生溢奶窒息。对于小月龄的宝宝，夜间妈妈也不适于躺着喂奶，若妈妈因疲劳睡着了，乳房、后背、胳膊可能会堵住宝宝的口鼻，宝宝发生呛咳未能及时发现，最后将导致不堪想象的后果。

③ 养成良好的进食习惯：宝宝哭闹时不要喂药，吃东西时不要逗宝宝玩，不要让宝宝边看电视边吃饭，防止宝宝边吃边跑。

④ 小物品放在宝宝摸不到的地方，不要让宝宝将异物、玩具含入口中玩，以防发生误吸。若宝宝口中有异物，家长应诱导宝宝吐出来，不要强行抠出来，以免宝宝误吞入气道。

⑤ 3岁以下的宝宝不要喂食胶冻状的食物或坚果，如果冻、汤圆、花生及带壳类坚果等。

⑥ 家长应加强急救知识的学习，提高现场救护能力。当发生气管异物堵塞时，宝宝会有突然发生的呛咳、喘憋、面色青紫等一系列呼吸困难的表现，若救治不及时，易导致窒息死亡。当发生危机情况时，家长在呼叫救

护车的同时，应立即开始急救。气管异物梗阻时家长可采用"海姆立克急救法"进行救治。

对于1岁以内的婴儿：应先将婴儿面朝下放在手臂上，头低脚高，手臂贴着前胸，一只手的大拇指和其余四指分别卡在婴儿的下颌骨位置，另一只手在婴儿肩胛骨中间向下的位置冲击性地拍5次。期间注意有无异物排出（见图1）。

若未有异物排出，立即将婴儿翻过来，头朝下，脚朝上，面对面，放置大腿上，一只手固定住婴儿颈部，另一只手的食指和中指置于患儿胸廓下脐上的腹部位置，快速向上重击压迫，5次一个循环，直至异物排出（见图2）。若异物未排出，将孩子翻过来，重复上一步骤，直至异物排出。重复以上步骤，不要超过5次。

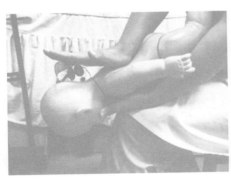

图1

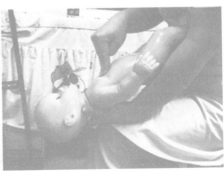

图2

对于1岁以上的幼儿：立于幼儿身后，两手臂从身后绕过环抱幼儿。一只手握拳，将拇指侧顶住胸廓下脐上的腹部位置，另一只手抱住拳头，快速有力地向内、向上冲击，直至异物排出。

六、户外安全防护

带宝宝在户外活动时，一定要注意加强监护，做好安全防护。

1 安全教育：教育孩子遵守交通规则和一些安全乘车常识，如乘车时不要把头、手伸出窗外，乘坐轿车时系好安全带等。家长和老师要以身作则，让宝宝在潜移默化中提高交通安全意识和自我防护能力。

2 加强监护，不要让宝宝离开家长的视线。

3 用婴儿车推宝宝过马路时，必须先将婴儿车靠近人行道，等到交通信号灯显示可以通行时，再推宝宝过马路。

4 领宝宝过马路时一定要牵住宝宝的手，绝对不能让宝宝自己过马路，绝对禁止宝宝在马路边玩耍。

5 以身作则，做好安全教育，培养宝宝的公共道德：过马路时，即使马路上没有一辆车，只要是红灯，你都要等到绿灯亮时再带宝宝通过；必须走人行横道、地下通道或过街天桥。

6 要培养宝宝不随便捡拾杂物的行为，要远离污染区、危险区。

7 在乘坐电梯、公共汽车、火车、地铁等时，一定要牵住宝宝的手或抱着宝宝。

8 路边的石头、野生植物看似不起眼，但锐利的棱边容易对宝宝造成伤害，因此，要尽量避免幼小的宝宝接触它们。

9 游乐器材是宝宝的最爱，在宝宝玩耍之前，应先对器材做一番安全检查。

七、中暑的防护

中暑是指人体长时间暴露在34摄氏度或以上的高温环境时，人体体温调节功能紊乱而导致的急性综合征。婴幼儿抵抗力差，大脑尚未发育完善，在盛夏季节一旦护理不当就容易发生中暑。中暑对宝宝的损害极大，处理不及时甚至会危及生命。中暑不仅仅发生在炎热的夏天，其他季节穿衣太厚或空气不流通也可能引发中暑。

 预防中暑

❶ 不要让宝宝在太阳下暴晒，或在车内久待。

❷ 保持四周环境的通风，保持适宜的温度和湿度。

❸ 不要把宝宝包裹得太紧。

❹ 补充充足的水分：生病、发热或腹泻的宝宝，要及时补充足够的水分，避

免身体的水分丧失过多而导致脱水。

⑤ 在高温下，宝宝如果出现头痛、头晕、口渴、多汗、四肢无力、注意力不集中、动作不协调等症状，应视为中暑的先兆。若出现面色潮红、大量出汗、皮肤灼热、四肢湿冷、面色苍白、血压下降、脉搏增快等症状，且体温升到38摄氏度以上者可以确诊为中暑。

中暑后的处理

① 尽快将宝宝移到阴凉处，脱去衣物，保持呼吸道的通畅。

② 把中暑的宝宝放在凉席或冷毛巾上，用毛巾蘸凉水替宝宝擦拭降温，或将宝宝放进有凉水（不是冷水）的浴盆里帮助降温。

③ 每隔10~15分钟给宝宝喝一些清凉的水，但宝宝有呕吐或意识不清的情况时不要喂，以防意外事故发生。

④ 尽快地让宝宝的体温降下来，但是要小心不要降得太低。假如体温又上升，再重复前述降低体温的动作，还可以用电扇及空调等降低环境温度。

⑤ 如果通过以上处理，情况无改善，应及时就医。

第四章

育儿常见问题及指导

一、常见喂养问题及指导

（一）如何判断母乳是否充足？

母乳对于6月龄以内的婴儿非常重要，充足的母乳能为婴儿提供丰富的营养，能促进婴儿更加健康地成长。

以下是母乳充足的表现：

（1）母乳充足时，母亲时常会有乳房发胀的感觉，乳房表皮静脉清晰可见，有时还会往外喷涌乳汁。哺乳时能明显感觉到乳汁释放且乳房逐渐变软。

（2）婴儿吃奶时，母亲能明显感觉到婴儿强有力的吸吮，而且能听到连续的吞咽声，偶尔还有奶水从婴儿嘴角溢出。

（3）婴儿在吃奶时过程连续，吸吮认真，能一直含着乳头吸吮，同时表现得非常满足和迫不及待，这表明婴儿能吃到足够的母乳。

（4）哺乳结束，婴儿情绪好，反应非常灵敏，或者能很安静、踏实、快速地入睡，这说明婴儿获得了充足的母乳。

（5）获得足够母乳的婴儿，每天大小便次数比较多，每天排尿在8~10次，量也比较多。母乳充足时大便呈金黄色糊状。若婴儿出现大便很稀且有绿色泡沫的情况，则有摄入母乳不足的可能。

（二）新生儿不好好吃奶的原因和应对措施是什么？

（1）母亲乳房出现涨奶，乳房太硬，婴儿不容易含住乳头。在这种情况下，母亲可以在哺乳前用干净毛巾热敷乳房，让乳房稍微变软一些再哺乳。

（2）部分婴儿在出生时使用过奶瓶，产生了"乳头错觉"，再喂母乳时婴儿接受度降低，因为吸母乳要比吸奶嘴费力，故不愿吃母乳。因此，新生儿出生后应坚持母乳喂养。

（3）新生儿胃容量小，每次吃奶量也少，母乳充足时，婴儿吃饱了就不会再吃了。母亲要观察婴儿吃奶后的表现，若每次吃奶后能安静入睡，且大小便正常，那就是正常现象。

（4）疾病情况下婴儿会出现吃奶差的现象。如足月新生儿在出生时吞咽功能已完善，但食管下段括约肌松弛，胃呈水平位，吃奶后容易发生溢乳或吐奶的情况，呕吐物反流入气管时，易发生吸入性肺炎，出现吃奶差的现象。这种情况一定要积极治疗，改善婴儿的健康状态，病情好转后吃奶也会逐渐好转。

（三）宝宝吐奶怎么办？

很多新生儿或婴儿都存在吐奶或溢奶的情况，大多数都是由于生理性原因造成的，但是如果吐奶情况严重，就要考虑到消化功能紊乱或消化道梗阻的可能。很多婴儿吐奶是因为母亲乳头过大或喂养方法不当（如哺乳时吞入气体过多等）。若吐奶后婴儿无其他不适，吸入奶量足够，大小便正常，体重增加正常，无吐奶引起的呼吸问题，可不予处理，4~6月龄后吐奶可自行消退。

以下方法可以改善吐奶：

（1）可采取少量多次喂养，适量喂食，避免过量喂哺。

（2）哺乳时可以用手控制流速，避免太急、太快，哺乳中间应暂停片刻，以便使婴儿的呼吸更顺畅。

（3）根据月龄选择合适的奶嘴，奶嘴开孔要适中。开孔太小则需要大力吸吮，开孔太大则容易发生呛奶。

（4）哺乳后协助婴儿排出胃内空气。可以在喂奶后，让婴儿竖直趴在大人肩上，由下至上轻拍婴儿背部，帮助其排出吞入胃中的空气。

（5）哺乳后婴儿躺下时垫高上半身，最好是右侧卧位，这样胃中的食物不易流出。

（6）哺乳后，不要随意摇动或晃动婴儿。

（7）射乳反射强的母亲哺乳时，可以用人造乳头隔开母亲乳头，避免婴儿短时间吞咽过多乳汁而吐奶。

（8）其他：要排除过敏和药物影响的原因。如有过敏性家族史，建议暂停喂食易发生过敏的食物（如鸡蛋、牛奶等）2周，以观察吐奶是否与对这些物质过敏有关；如婴儿正在补充维生素、铁、氟化物等，建议暂停，以观察是否与这些因素有关。

（四）牛奶蛋白过敏的婴儿如何喂养？

牛奶蛋白过敏是婴儿最常见的过敏原因，其实际上是婴儿体内的免疫系统对牛奶蛋白过度反应而造成的。怀疑对牛奶蛋白过敏的婴儿，应到医院做过敏原的检测，若确诊婴儿确实对牛奶蛋白过敏，那么以后应该避开选择含牛奶成分的食物（如普通配方奶粉、奶油蛋糕、面包、沙拉酱、牛初乳、奶糖等任何含有牛奶蛋白成分的食物）。

母乳喂养的婴儿和配方奶喂养的婴儿，应该怎么安排饮食呢？

（1）母乳喂养的婴儿：牛奶蛋白过敏的婴儿若由母亲哺乳，那么哺乳的母亲就不能喝牛奶。母乳喂养的婴儿虽然过敏的可能性很小，但也有发生牛奶蛋白过敏的可能。

（2）配方奶喂养的婴儿：牛奶蛋白过敏的婴儿在选择配方奶粉时，要首选蛋白质已经经过处理的深度水解配方奶作为替代品。深度水解配方奶一般要食用3~6个月。

（五）出现母乳性黄疸，需要停掉母乳吗？

母乳性黄疸的病因迄今尚未完全清楚，根据发生时间的不同可分为早发性和晚发性两类。早发性母乳性黄疸发生时间与生理性黄疸相近，主要是由母乳喂养不当、摄入不足造成的。晚发性母乳性黄疸常发生于生后1~2周，可持续至8~12周，多因新生儿小肠内来自母乳的葡萄糖醛酸苷酶含量多、活性高造成的。

母乳性黄疸无特异性诊断方法，主要实行排除诊断法，同时需与黄疸有关疾病进行鉴别。若婴儿生长曲线正常，在排除胆道梗阻、溶血、感染、代谢等疾病因素后，黄疸仍持续2周不退，这种情况下要考虑母乳性黄疸。

坚持母乳喂养很重要。母乳性黄疸婴儿不需要停掉母乳，但家长需要注意细心观察婴儿的情况，定期到医院随访，监测婴儿的经皮胆红素，并根据需要采取正确且有循证医学依据的治疗。

（六）混合喂养中，补授法和代授法哪种更好?

采用何种方式的混合喂养，取决于母乳的缺少程度，混合喂养有如下两种喂养方式：

1. 补授法混合喂养

补授法混合喂养是指，每次哺乳时先吃母乳，当两侧乳房吸吮完后，再添加配方奶，若吸收的母乳量够，就不需要添加配方奶。补授法混合喂养的优点是保证了对乳房足够的刺激，能促使乳汁正常分泌，有重新回归到纯母乳喂养的可能。如果想长期用母乳来喂养，最好采取补授法。4月龄以下的婴儿建议采用补授法混合喂养。

2. 代授法混合喂养

代授法混合喂养是指母乳与配方奶轮流喂养。通常选择一个固定的时间，最好是母乳分泌较少的那次，用一次配方奶替代一次母乳。这种喂法会使母乳减少，逐渐使用牛奶、配方奶或面条等方式喂养，不仅能培养婴儿的咀嚼能力，也可以为以后的断奶做好充分的准备。代授法混合喂养适合6月龄以上的婴儿。

（七）如何选择、配制和使用配方奶粉？

1. 配方奶粉的选择

婴儿配方奶粉分为婴儿普通配方奶粉、特殊配方奶粉和早产儿配方奶粉。

（1）普通配方奶粉。适用于6月龄以上的婴儿，若无牛奶蛋白过敏，可以选择普通配方奶粉。以牛乳为基础的婴儿普通配方奶粉适用于一般婴儿，并且按照不同的月龄分为不同的阶段，不同阶段的配方奶粉成分比例不相同。

（2）特殊配方奶粉。适用于特殊生理状况的婴儿，如蛋白质过敏、乳糖不耐受等，需要选择特别加工处理的婴儿配方食品。

①腹泻奶粉：即无乳糖配方奶粉。此类奶粉不含乳糖，适用于因乳糖不耐受而出现腹泻等肠胃症状的婴儿。腹泻的婴儿应停用原配方奶粉，直接换成此种无乳糖配方奶粉。当腹泻改善后，若欲换回原奶粉时，须渐进式换奶。

②部分/适度水解蛋白配方奶粉：有过敏性家族史或过敏体质的婴儿选用此种奶粉，可用于预防婴儿出现牛奶蛋白过敏。对于0~6个月母乳不足的婴儿，在需要添加配方奶粉时，建议选择适度水解奶粉。

③完全/深度水解蛋白配方奶粉：适用于治疗较轻的牛奶蛋白过敏症，它属于医疗用途的配方奶粉。

④氨基酸配方奶粉：使用深度水解配方奶粉仍然过敏的婴儿，可以选用此类配方奶粉，此类奶粉不含完整的牛奶蛋白成分，它也属于医疗用途的配方奶粉。

⑤低苯丙氨酸配方奶粉：确诊苯丙酮尿症的婴儿应使用低苯丙氨酸配方奶粉。母乳含有很少量的苯丙氨酸，但对患苯丙酮尿症的婴儿来说量仍然偏高，这部分婴儿需要减少苯丙氨酸的摄入。因此，对这些婴儿可采取部分母乳喂养，同

时加用低苯丙氨酸的配方奶粉，并定期检测血苯丙氨酸的含量，以作为母乳和配方奶粉比例调整的依据。

（3）早产儿配方奶粉。适用于早产儿或低体重的婴儿。与普通奶粉相比，此类配方奶粉更适合早产、低体重宝宝脆弱的消化道，并额外添加了促进早产儿发育的营养元素。

2. 配方奶粉的配置

（1）冲奶粉的水，可用自来水煮沸放凉至70摄氏度左右，再用来冲奶粉。

（2）配方奶粉配置时一定要注意浓度，要规范冲调方法，舀取奶粉时需要"整勺刮平"。"摇"或"磕"平可使配方奶粉的重量增加，冲调后的配方奶粉的浓度易增加。配方奶粉的浓度过高是因为奶粉中的蛋白质、矿物质含量高，所以对婴儿的肾脏有潜在的损害。

（3）目前市场上销售的婴儿配方奶粉，一般都配有标准规格的奶粉勺。4.4g婴儿配方奶粉勺，1平勺，30ml温开水；8.8g婴儿配方奶粉勺，1平勺，60ml温开水。两种勺所配重量比均为1：7。

3. 配方奶粉的使用

采用高于70摄氏度的水调配，并且要尽量减少准备到冲调进食的时间。

（八）过早和过晚添加辅食的坏处？

结合长辈们的"经验"，家长们容易陷入一些误区，比如：早一点添加辅食，婴儿就能长得更壮实；还有一些妈妈认为所有的食物中母乳最好，一再推迟添加辅食的时间。其实这些做法都是错误的。何时引入辅食，取决于婴儿的发育成熟状况，一般情况下建议6月龄左右的婴儿添加辅食，但是也不绝对。有些早产儿或者过敏体质的婴儿，由于身体的原因，拒绝或不能接受辅食，添加的时机可稍稍推后到7～8月龄。

过早添加辅食的坏处：

（1）婴儿的消化系统功能发育不成熟，缺乏淀粉酶等一些消化酶，很多食物都难以消化，因此，小于4月龄的婴儿不适合喂淀粉类食物，以免造成肠胃功能紊乱。

（2）4～6月龄之前，婴儿肠道的通透性较强，屏蔽作用差，许多不适合人体的蛋白质会进入血液，因此，过早添加辅食，有可能诱发机体过敏，特别是有过敏性家族史的婴儿。而6月龄以后，肠道"屏障"功能加强，能有效阻止部分过敏原进入血液。

（3）母乳中含有丰富的婴儿生长发育所需的营养物质，若过早添加辅食，则母乳摄入会减少，不利于婴儿体内营养的平衡。

过晚添加辅食的坏处：

（1）随着婴儿年龄的增长，母乳中的营养物质逐渐不能满足婴儿生长发育的需要了，此时就要及时从辅食中得到补充，若添加辅食过晚，容易出现各种营养素的缺乏，影响婴儿的生长发育。

（2）随着年龄的增长，每个婴儿都要经历从乳类食物到固体食物的转换过程。过晚添加辅食，不利于婴儿口腔咀嚼功能的锻炼和发育。固体食物若不经过咀嚼直接吞咽进入消化道，将不易于食物的消化，并且容易出现消化不良和消化系统疾病。

（3）添加辅食的过程是一个学习过程，婴儿通过这个阶段，会增加对食物形态、质地和味道的认知。5月龄左右的婴儿对食物味道的任何改变都会有非常敏锐的反应。如果辅食添加过晚，那么婴儿容易对从未体验过的食物产生抵触，从而养成偏食的毛病。

（4）辅食添加过晚的婴儿，容易产生恋乳、恋母心理。这种心理越强，就越难以添加辅食，为从乳类食物过渡到成人饮食造成困难，最终造成婴儿消瘦、营养不良、体质差等后果。

（九）母乳不足有哪些表现？

母乳不足的原因有很多，比如：分娩时过度紧张等精神心理因素，授乳方法不当（如出生后未及早开奶、未按需哺乳、奶瓶的使用导致"乳头错觉"、吸吮次数少等），母亲身体原因（如营养不良、休息不足，乳腺发育不良等）等均可使乳汁分泌减少，出现母乳不足的情况。

母乳不足一般有以下表现：

（1）哺乳过程中，婴儿吸吮用力，吮吸时没有连续的吞咽母乳的声音。

（2）哺乳前母亲没有乳房发胀的感觉，哺乳前后乳房柔软度等没有明显变化。

（3）哺乳后婴儿仍哭闹，并且有寻找乳头的动作，或者每天哺乳超过8次，婴儿却仍然会不知饱地吸吮，每侧吸吮时间超过半个小时。

（4）新生儿前3天每日排便次数不超过6次，大便呈黑、绿或棕色。大于1月龄的婴儿每天排便次数不超过3次。

（5）婴儿每次吃奶后睡眠时间少于1小时。

（6）吃饱奶的婴儿，进食后一般可维持2~3个小时。若哺乳间隔仅0.5~1小时，婴儿又出现饥饿状态，就有可能是因为奶水不足。

（7）婴儿每天小便至少6次以上，大便至少3次，即为正常表现。如果大小便次数没达到下限，则为奶水不足。

（十）母乳不足怎么办？

母乳不足可以试试以下方法：

（1）母婴同室，出生后尽早开奶，坚持早吸吮、勤喂奶。吸吮刺激得越早，母亲乳汁分泌就越多。

（2）母亲要加强营养，增加各类营养素的摄入，特别是蛋白质、脂肪、糖类含量丰富的食物，多吃新鲜水果和蔬菜，同时汤类食物也不可少。

（3）家庭要多关爱母亲，帮助母亲保持产后好心情，心情的愉悦会促使体内的催乳素水平增高，可以促进乳汁的分泌。

（4）加强对乳房的护理。每次哺乳前，用干净的湿热毛巾覆盖于两侧乳房上，两手掌轻轻地按住乳头及乳晕，按顺时针或逆时针方向按摩10~15分钟。

（5）中医中药等其他治疗方案。以上方法收效不大时，可以采用一些中医中药的调理方法，比如炖汤时加入一些"通草""王不留行"等中药材一起熬煮。

（十一）宝宝不爱吃辅食怎么办？

宝宝在辅食的添加上要循序渐进，并且每个宝宝添加的时间不尽相同，一般6个月左右给宝宝添加辅食。宝宝不爱吃辅食困扰了很多家长，其实很多宝宝都有一段过渡适应期。如何让不爱吃辅食的宝宝爱上吃辅食呢？我们可以从以下几方面进行尝试：

（1）选择合适的喂养时间。喂食辅食的时间，建议选择在喂食母乳或者配方奶之前，也就是宝宝有饥饿感的时候。

（2）选择合适的辅食。相对于其他味道来说，宝宝天生喜爱甜味。对于不爱吃辅食的宝宝，为了增加他/她尝试的兴趣，可以先选择一些带甜味的食物进行尝试，如水果泥或者米粉等，也可以选择米汤等流质食物和果汁（鲜榨的果汁需兑水1∶1稀释），这些食物容易被宝宝消化。当宝宝挑剔的时候，可以尝试换别的食物不断尝试，但在此过程中不能强迫他/她。

（十二）宝宝挑食，不爱吃蔬菜怎么办？

蔬菜含有丰富的维生素、矿物质和纤维素等营养物质，是宝宝生长发育不可或缺的食物。长期不吃蔬菜的宝宝，容易因为营养摄入不均衡而影响正常的生长发育，并且因为粗纤维素摄入不足使肠道蠕动刺激减少，容易出现腹胀、便秘等症状。家长应仔细观察，寻找宝宝不吃蔬菜的原因，通过正确的引导，帮助宝宝改正习惯。

（1）若是因为蔬菜难以咀嚼而造成不爱吃蔬菜，每次烹饪辅食时应将蔬菜切碎，并煮软一些，方便宝宝咀嚼。

（2）改变烹饪方式。将多种蔬菜切碎后制成饺子、包子、煎饼、饼干等，增加进餐的趣味性。也可以将各种蔬菜打成蔬菜汁，用这些蔬菜汁和面，制成各种面点（比如面里加些胡萝卜汁、大头菜汁、西红柿汁等），为辅食添加色彩，鲜艳的颜色会增加宝宝的食欲。另外，还可以用蔬菜制作热汤面，使蔬菜的营养素溶入汤里，让宝宝从汤里吸收一部分维生素。

（十三）一岁以内婴儿的辅食要加盐吗？

根据最新的《中国居民膳食营养素参考摄入量》，对6～12月龄的婴儿来说，每天需要350mg的钠。奶类及其他辅食中含有人体所需要的钠，一般情况下，一岁以内正常进食的婴儿完全能够摄入足够的钠来满足生理需要。

因此，一岁以内婴儿的辅食不需要加盐。因为这个年龄段的婴儿，通过饮食可以获得身体所需要的钠，所以不需要另外加盐。加入盐之类的调味剂，一方面会增加婴儿的肾脏负担，另一方面可能影响婴儿以后的饮食习惯，重盐的饮食习惯可能会增加成年后患高血压等心血管疾病的风险。

（十四）羊奶和牛奶哪个好？

羊奶的蛋白质含量虽然没有牛奶的丰富，但其蛋白质含量却更接近母乳，且羊奶中酪蛋白和乳清蛋白的比例更接近母乳。同时，羊奶中的蛋白质分子相对牛奶较小，更易于婴儿吸收。

羊奶的脂肪含量相较于牛奶也更接近母乳。羊奶中的脂肪球颗粒比牛奶小，因此，在胃液中的脂肪酶接触脂肪球的面积更大，消化吸收更快。

相较于牛奶，羊奶中的乳糖颗粒较为细小，并且因为羊奶中的三磷酸腺苷能够充分分解羊奶中的乳糖，因此，喝羊奶发生乳糖不耐症的概率远比牛奶要小。

牛奶与羊奶都含有丰富的维生素，每100g羊奶的维生素A、维生素D的含量分别是牛奶的3～4倍，但羊奶的叶酸含量较少，大约为牛奶的1/5。

综上所述，羊奶比牛奶更有营养优势，因为羊奶更接近母乳、易吸收，并且不含有牛奶中的一些可致过敏的异性蛋白。任何体质的婴儿都可接受羊奶，特别是胃肠功能弱、体质差以及过敏体质的婴儿。

（十五）如何合理搭配儿童食品？

对于2岁以上的所有健康人群，我们有几条合理搭配食物的建议：食物多样，谷类为主；吃动平衡，维持健康体重；多吃蔬果、奶类、大豆；适量吃鱼、禽、蛋、瘦肉；少盐少油，注意控糖限酒；杜绝浪费，兴新食尚。

（十六）过敏婴儿如何喂养？

对于过敏婴儿，我们建议采取母乳喂养、低敏性配方奶、延迟引入固体食物等综合干预措施。通过以上措施减少致敏性物质接触机会，降低过敏发生的次数。

（1）母乳相对于普通婴儿配方奶粉等其他奶制品更加安全，它能有效提高4月龄以下婴儿的食物耐受性，减少食物过敏和过敏性皮肤病的发生。

（2）牛奶蛋白过敏的小于6月龄的婴儿，可以选择适度水解蛋白配方奶或者深度水解蛋白配方奶，它们有一定降低或延缓过敏性疾病发生可能性的作用。

（3）母乳喂养的婴儿如果对花生过敏，那么母亲饮食中也要限制花生的摄入。

（4）WHO推荐的预防食物过敏策略是婴儿纯母乳喂养至6月龄，建议6月龄后引入固体食物，这可能与大分子食物抗原暴露机会降低有关。

（十七）如何判断宝宝是否积食了？

（1）积食的宝宝，睡觉会很不安稳，不停地翻身、磨牙、出汗等。

（2）若宝宝有积食的情况，早起时口腔会有酸臭的异味，严重的还有呕吐的情况，吐出的是酸臭的、未消化的食物。

（3）积食的宝宝舌苔厚白，而嘴唇却很红，在鼻翼两侧还隐隐有些青色。

（4）积食的宝宝精神欠佳，烦躁易怒，爱哭闹。

（5）宝宝积食时大便通常不正常。有时腹胀，有时便秘，还有时腹泻，一般大便硬且臭，并且含有未消化的食物残渣。

（十八）让宝宝吃些粗粮有哪些好处？

（1）各种粗粮、新鲜蔬菜和瓜果含有大量的膳食纤维，这些植物纤维具有平衡膳食、改善消化吸收和排泄等重要生理功能。

（2）粗粮所含的碳水化合物少而膳食纤维多，容易产生饱腹感，有利于预防儿童肥胖，并有利于肥胖儿童控制体重。

（3）经常吃粗粮有利于牙齿健康。它不仅能促进咀嚼肌和牙床的发育，还可以帮助带走牙缝内的污垢，对清洁口腔起到一定的作用，能帮助宝宝有效预防龋齿。

（4）粗粮富含B族维生素，且铁、镁、锌、硒、钾、钙、维生素E、生物类黄酮以及赖氨酸和蛋氨酸的含量均高于细粮。因此，宝宝饮食应该粗细搭配。

（十九）甜食吃太多会给宝宝带来什么影响？

（1）龋齿的发生：很多家长都知道糖吃多了对宝宝的牙齿发育不好，因为口腔卫生习惯不好时，食物残渣容易附着在牙齿表面，尤其是糖类，最容易被细菌分解发酵，产生酸性物质，侵蚀牙齿，使牙齿遭到破坏，形成龋齿。

（2）甜食摄入过多会影响食欲，对宝宝的生长发育、生活学习不利，严重的还会影响智力：甜食摄入过多造成乳酸等代谢产物的增多，当这类中间产物在宝宝脑组织中蓄积时，容易使宝宝出现烦躁、精力不集中、情绪不稳定、爱哭闹等症状。

（3）造成体内钙缺乏：过多的糖和碳水化合物的摄入会影响体内钙的代谢，骨骼因为脱钙而出现骨质疏松。同时，因为宝宝体内钙不足，有可能出现发育迟缓、厌食、腹痛、多汗、惊厥等症状。

（4）维生素、微量元素缺乏：糖的代谢过程需要维生素和微量元素的参与，如果糖摄入过量，会消耗大量的维生素和微量元素，导致宝宝体内的维生素和微量元素不足。

（5）更易发生营养不良和肥胖：常吃甜食的宝宝易出现厌食、偏食等不良饮食习惯，进而导致营养不良。还有一些宝宝对甜食的喜爱程度远远超过了甜食对食欲的抑制程度，食欲大增而引发肥胖，并相应增加1型糖尿病、心血管疾病的风险。

二、常见护理问题及指导

（一）新手爸妈如何抱宝宝?

新手爸妈可以采取以下4种方式抱宝宝:

（1）怀抱法:一只手肘直接托起宝宝的头部,这只手的手掌托住宝宝的外侧小屁股,另一只手掌托起内侧小屁股。

（2）坐抱法:用一只手掌托住宝宝的头部,另一只手掌托起宝宝的小腿部,将宝宝的小屁股放在双腿上,使宝宝与你面对面。

（3）洗头时用夹抱法:一只手掌托起宝宝的头部,另一只手掌托起宝宝的双腿;将宝宝夹在腋下,托住腿部的这只手的肘部,可夹住宝宝的小屁股。

（4）哺乳后"拍嗝"用直抱法:一只手掌托起宝宝的头颈部,另一只手掌托住宝宝的小屁股,使宝宝直立,趴在你的肩上,然后由托头的手轻拍宝宝的背部。

（二）如何纠正睡眠昼夜颠倒的宝宝？

（1）帮助宝宝建立昼夜的概念。白天多逗引宝宝，保持光线明亮，多带宝宝出门；晚上拉上窗帘、关灯，保持室内安静。

（2）家长的生活方式要健康，早睡早起，作息规律。

（3）限制宝宝白天睡觉的时间，下午五六点以后避免让宝宝睡觉。晚上可以安排固定的睡眠仪式，建立良好的睡眠习惯。

（三）频繁夜醒的宝宝如何护理？

（1）频繁夜醒的宝宝有流口水、爱咬东西等表现，可能是在出牙期，须加强日常护理以缓解出牙期的不适。

（2）平时睡眠很好的宝宝在频繁夜醒时，要仔细查看宝宝的精神和身体状况，看看有无不适。有疾病时要及时处理或就医。

（3）换了新的生活环境后出现频繁夜醒的宝宝，无须太过担心，过段时间宝宝就适应了。

（4）睡前让宝宝安静玩耍一段时间，并养成白天规律睡眠的习惯，避免白天的精神状态影响夜间的睡眠。

（四）宝宝掉头发怎么办？

宝宝掉头发是一种常见现象，很多妈妈为此担心。导致宝宝掉头发的原因有很多，主要分为以下两种。

（1）生理性脱发：6个月以前的宝宝在成熟的头发生长之前，第一批头发都会全部脱落。枕秃、休止期脱发一般属于生理性脱发，小心护理宝宝的头发和头皮即可。

（2）病理性脱发：如缺钙、头癣、斑秃、甲状腺功能减退或者垂体功能减退等疾病导致的脱发，一定要先及时就医，找到病因后，再对症治疗。

（五）一年四季如何帮宝宝穿衣？

（1）春季："春捂秋冻"，不能给宝宝减衣服减得太早，中午热时适当减衣，晚上天气变凉再加一个外套，一定要穿袜子和戴帽子。

（2）夏季：宜穿宽松、轻便、浅色的衣服，材质宜选择自然纤维的，防止宝宝腹部受凉。戴宽沿的布凉帽，凉鞋要穿包住脚趾的。

（3）秋季：外面热而室内凉爽，出门回家有汗不要立刻脱外套。外出多带一件衣服。

（4）冬季：穿衣要适量，不能影响宝宝活动。宝宝增减衣服，最大的法则是父母多用心。

（六）宝宝爱流口水怎么办？

平时生活中，我们经常能看见一些宝宝流口水，宝宝流口水到底是什么原因引起的呢？这种情况是否正常呢？

（1）生理性流口水：唾液腺发育、萌牙等造成的生理性流口水，会随着宝宝的生长发育自然消失。这种情况下父母不用担心，小心护理即可。

（2）病理性流口水：当宝宝患某些口腔疾病如口腔炎、扁桃体咽炎时，口腔及咽部因疼痛导致唾液不能正常下咽而不断外流，在这种情况下，一定要及时带宝宝去医院检查和治疗。

宝宝流口水时应该怎么处理呢？

（1）及时擦拭，动作要轻柔。

（2）勤洗勤换。用温水给宝宝清洗脸颊后涂上宝宝专用护肤品。有湿疹等问题时，要及时就医。口水沾染的玩具、衣物等要勤换洗。

（3）及时更换干净整洁的嘴围。

（4）训练宝宝的吞咽能力。当宝宝萌牙后，尽量少给宝宝吃流质食物或特别软烂的食物，此时应选择相对较硬一点的食物，来逐渐培养宝宝的咀嚼能力。

（5）不要经常捏宝宝的脸颊，因为这样会刺激唾液腺的分泌，加重宝宝流口水的状况。

（七）宝宝的耳垢需要掏吗？

耳朵中的耳垢有许多作用，如可以阻止灰尘和小虫侵入耳道；可以缓解噪声，有保护鼓膜的作用；它具有油腻性，可以阻止外界水分的流入，等等。

家长给宝宝掏耳朵可能存在如下危险：

（1）如果不小心碰到听小骨或耳膜，有可能导致宝宝听力下降。

（2）父母给宝宝长时间掏耳朵会增加感染的风险，导致中耳炎或外耳道感染。

综上所述，家长最好不要给宝宝掏耳朵，实在要取耳垢，应寻求医生的帮助。

（八）宝宝爱抓自己，戴小手套可以吗？

不可以。戴防抓手套弊大于利：

（1）手指在手套里无法灵活运动，影响宝宝手指发育和后期抓握能力的培养。

（2）戴着手套不能直接体验各种物品的触摸感觉，会影响宝宝对外界感知能力的发展，使其缺少精细动作的锻炼机会。

（3）宝宝用手到处抓是正常发育的表现，手套限制了手抓运动，有可能影响宝宝智力与情绪的发展。

（4）手套里面的线头或其他不小心进入手套的危险物品，不能被及时发现，容易伤害到宝宝，比如线头会缠绕宝宝的手指，导致手指缺血坏死。

（九）如何帮助宝宝远离奶瓶龋？

奶瓶龋是宝宝最常见的疾病之一，通常是由父母不正确的喂养方式导致的。

可以从以下几方面着手预防奶瓶龋：

（1）设定用奶瓶的时间，只在进餐时间让宝宝用奶瓶，不要让宝宝长时间叼奶瓶。

（2）少给宝宝吃甜而黏的食物，吃完后要及时用清水漱口；果汁尽量在吃饭的时候喝，6个月龄以内的小宝宝不建议喝果汁。

（3）养成良好的口腔卫生习惯。

（4）12个月龄的大宝宝要学会使用杯子，减少饮品与牙齿的接触时间。

（5）宝宝6个月时，到儿童牙科做一次口腔健康评估，以后定期带宝宝接受口腔检查和口腔健康行为指导。

（十）宝宝睡觉时为什么爱摇头？

宝宝睡觉时爱摇头的原因有以下几点：

（1）神经系统发育不完善。新生儿神经系统发育不完善，就会经常出现惊颤、头左右摇动的情况。

（2）头皮瘙痒。长期不洗头或者头皮出现病变会让宝宝不适，只能用摇头的方式告知家长。

（3）湿疹。家长可以涂抹湿疹膏减轻宝宝的症状，同时因湿疹会随着温度的升高而加重，所以在平时护理宝宝的时候一定不要捂到宝宝。

不同情况采用不同的方法，宝宝爱摇头，家长要细心地寻找原因、解决问题，宝宝才能健康快乐地成长。

（十一）如何护理腹泻的宝宝？

（1）补充水分，还可以配给一些盐水或者加一点点盐的米汤。护理中最重要的一点就是预防脱水和电解质紊乱。

（2）禁止乱吃乱喝。不要给宝宝喝含糖饮料，适当减少奶量。在没有医嘱的情况下，不要随便给宝宝吃止泻药。

（3）不强喂含有合成碳水化合物的食物。米饭、小麦、土豆、面包、麦片、精肉、酸奶、水果和蔬菜都可以安全食用。

101

（4）精心护理宝宝。多安抚生病的宝宝，宝宝便后最好用水冲洗，频繁用卫生纸擦容易损伤肛周皮肤黏膜。

（5）勤洗手。

（十二）该不该给宝宝把尿？

给宝宝把尿，父母应慎选择。

把尿在不知不觉中，已经成为现代育儿观和传统育儿观的一大分歧。虽然很多人还在坚持把尿，但是专家普遍认为给1岁以前的宝宝把尿并不能达到定时排便的作用，反而有可能给宝宝的身体带来危害（如对肛门括约肌的发育不好，容易造成便秘，引发痔疮和肛裂等）。18～24个月时，宝宝控制排泄的肌肉才成熟。所以别再把尿了，等宝宝到1岁半以后试试如厕训练吧！

（十三）哪些食物可以帮助宝宝缓解便秘？

很多宝宝因为消化功能发育不完善，容易出现便秘等症状。不少食材对预防和缓解便秘很有效果，父母可以多从食物着手，帮助宝宝摆脱便秘的困扰。

（1）苹果：苹果中的果胶可以吸收自身容积2.5倍的水分，使粪便变软，易于排出。

（2）猕猴桃：早晨空腹吃效果好。猕猴桃富含维生素C、膳食纤维、寡糖和蛋白质分解酵素，预防便秘效果好。

（3）红薯：富含大量膳食纤维，有助于促进宝宝的肠道蠕动。

（4）紫薯：作用同红薯。

（5）雪梨：小宝宝可食用冰糖炖雪梨，既清热解火，又有助于补水，缓解便秘。

（6）芹菜：富含粗纤维，能增强肠蠕动。

（7）酸奶：酸奶中的益生菌可改善肠道环境，帮助消化吸收，改善便秘。建议饭后饮用。

（8）火龙果：富含膳食纤维以及维生素C，可以帮助消化，防止便秘。

（十四）如何护理发热的宝宝？

发热只是一个症状，而并非疾病，它是人的身体应对环境或疾病时的一种自然反应，这个过程是有益的，能增强宝宝的免疫力。那么如何护理发热宝宝呢？

（1）物理降温：首先降低环境温度，室内通风或保持室内温度在24～26摄氏度；解开衣物，不要捂汗；洗温水浴。

（2）合理使用退烧药：当宝宝发热温度超过38.5摄氏度时，可以给宝宝适当服用。

（3）发热时机体会丧失大量水分，如果不及时补充，容易出现脱水。

（4）宝宝病情变化快，因此要及时监测体温，约0.5～1小时测量一次。

（5）发热的宝宝肠胃功能也会受到影响，食欲变差，应该准备宝宝易消化的食物，不要强迫宝宝进食。

（十五）宝宝学会刷牙前，怎样帮宝宝做好口腔清洁？

很多宝宝到2岁半左右才能完全掌握刷牙的技巧，在宝宝学会刷牙前，怎么做好口腔护理呢？

（1）养成吃完东西漱口的习惯：每次吃完东西之后，喝点白开水或淡盐水来冲洗一下口腔，起到清洁作用，特别是睡觉前喝奶后，否则很容易患奶瓶龋。

（2）用手指牙刷或清洁棉给宝宝清洁口腔：清洁时要轻轻擦拭宝宝口腔，从右上牙齿到左上牙齿，然后从左上牙龈到右上牙龈；再轻轻擦拭宝宝两侧的颊黏膜、上腭黏膜；最后清洁一下舌头表面。

（3）使用冲牙器清洁口腔：冲牙器像玩具，易于被宝宝接受，能彻底冲掉牙缝中的残渣，清除细菌，清洁作用高效，可有效保护牙齿及牙龈，预防蛀牙。

（十六）宝宝呕吐后怎么护理？

很多疾病都会引起宝宝呕吐，呕吐之后应该怎么护理呢？

（1）让宝宝坐起来，把头侧向一边，以免呕吐物呛到气管里。

（2）安抚宝宝情绪，稳定的情绪可以帮助他恢复体力。

（3）及时清理环境，并开窗通风，消除气味，以免宝宝闻到异味后再次呕吐。

（4）呕吐完30分钟后再喂水，否则易引发再次呕吐。喂水要少量多次。温水易致呕吐，夏季水温要偏凉，冬季水温要偏热。

（5）宝宝要保持安静状态，不要翻滚。

（6）除了水以外，呕吐后至少3小时内不要给宝宝吃东西。

（7）注意观察宝宝的精神状态、呕吐次数、呕吐与饮食的关系，是否同时有咳嗽、呕吐物等情况。有异常情况须及时就医。

（8）喂完水或食物后，可以抱起宝宝，像拍奶嗝一样处理。

（9）反复剧烈的呕吐，吐出黄水，通过护理无好转时，要及时就医。

（十七）乳牙有问题，坐等换牙就可以了吗？

"乳牙有问题，坐等换牙就可以了"这种说法是错误的。乳牙和恒牙本是

"同源之水"，乳牙起着"引导者"的作用，它的健康与否关系着恒牙的生长。乳牙龋齿严重的会导致牙髓炎和牙根周围炎，影响恒牙的萌出和健康，还会影响恒牙的排列。乳牙引发的问题有可能会一辈子根植在宝宝的口腔里。

（十八）育儿观念婆媳常有别，如何选择？

婆媳育儿观念多有不同，育儿应以科学、适合宝宝为重要宗旨。

（1）何时吃盐观念不同。其实过早吃盐容易让宝宝习惯咸味，对没有咸味的食物不感兴趣，形成挑食、偏食的毛病。医生对老人进行劝阻更有效。

（2）穿衣观念不同。老人爱捂，但捂多后出汗多更易感冒。如果宝宝体质健康，则不需要捂太多，和大人穿一样多就好。

（3）吃不吃零食观念不同。零食里面含有很多添加剂，最好别吃，父母多收集新闻或让医生的建议给老人看，让他们明白。同时给宝宝准备水果等食物当零食。

（4）宝宝哭了抱不抱观念不同。宝宝哭了，不能放任不管，否则会使宝宝缺乏安全感或者忽视了宝宝健康，但也不能一哭就抱。父母应和老人一起熟悉宝宝"哭的语言"，细心观察，正确地理解和寻找宝宝哭声中所表达的真正含义。

（十九）如何给宝宝选餐具？

不同月龄的宝宝，适用餐具也不同，给宝宝挑选碗勺，原则上安全第一，易用第二，漂亮第三。

（1）宝宝学吃饭时推荐配有卡通彩套、有碗盖的双层不锈钢碗，保温、好看、安全，宝宝还喜欢。

（2）柿木、苹果木、梨木等制作，未经防腐处理、不刷漆的木碗，是宝宝餐具的优选。

（3）一般PLA材质很不错，耐热耐冷不变形，但有些PLA（聚乳酸）材质遇热会变形，须仔细挑选。

（4）多数仿瓷碗不安全，不推荐使用。

（5）陶瓷、玻璃、普通塑料等材质，都不适合。

（6）吸盘碗底面平平的，刚学吃饭的宝宝不宜舀起食物，不推荐使用。

（7）感温勺适合低龄宝宝，食物温度超过38摄氏度时会变色。

（8）拱桥形勺柄，更卫生。

（9）喂辅勺：软硅胶材质，不伤到宝宝口腔。套装有深浅两种勺，浅勺喂果泥无残留，深勺喂汤汁不易洒，推荐使用。

（二十）宝宝睡觉时需要枕枕头吗？

枕头使用不当易造成婴幼儿头颅变形、脊柱骨弯曲变形、睡眠障碍等，出现以上情况会直接影响宝宝的智力发育及身高、体重方面的体格发育，并引发呼吸不畅、打鼾、夜惊、夜啼、汗多、湿疹等症状。如何选择枕头必须谨慎对待。

（1）0～3个月：不需要枕头。新生儿的脊柱是直的，尚未形成生理弯曲。平躺时其背部和后脑勺在同一平面上，不会造成肌肉紧绷状态而导致落枕。新生儿的头大，几乎与肩宽相等，平睡、侧睡都很自然，不需要枕头。另外，新生儿的颈部很短，头部被垫高后易形成头颈弯曲，影响呼吸和吞咽，甚至导致意外。

（2）3～5个月：枕头高约1cm，建议用棉布或毛巾折叠做枕头。

（3）6个月后：枕头高度以3～4cm为宜，长度与肩部同宽。

（4）3～6岁：枕头高度以6～9cm为宜。

（二十一）爽身粉或痱子粉，到底能不能用？

最好不用，如果需要继续使用，请注意选择成分安全的产品，一定要注意其成分和国家质量监督部门的权威报告。可以选择医药食品级滑石粉成分的爽身粉，或不含滑石粉的玉米粉、松花粉、珍珠粉等。痱子粉是在爽身粉的基础上加入了一些薄荷脑、水杨酸等有去痱功效的成分，对宝宝皮肤的刺激性略高于爽身粉。家长平日要注意保持宝宝身体和周边环境的干爽，这样能有效缓解长痱子，比使用爽身粉、痱子粉要安全很多。

（二十二）可以长期用湿纸巾给宝宝擦屁股吗？

不可以。湿纸巾并非用得越多越好，长期用湿纸巾对宝宝不利。一般情况下，尽量给宝宝用清水来清洗。

湿纸巾含有清洁剂等各种化学成分，经常使用会降低皮脂腺分泌的功能，使宝宝的皮肤变得干燥，引发皮肤过敏或患上皮炎。

（二十三）宝宝睡觉时能使用夜灯吗？

能。夜灯能够让你更方便地检查、护理宝宝，还可以让夜里醒来的宝宝感到安心。夜灯不用放在宝宝的床头，它的光线非常微弱，基本闭上眼就不会感觉到，不会刺激到宝宝的眼睛。此外，生长激素的分泌和睡眠是密切相关的，与灯光无关，只要宝宝睡眠好，生长激素的分泌就不会下降，也就不会影响到宝宝的生长发育。至于说光压力会让宝宝睡眠变浅，目前没有任何的科学理论或者研究证实。因此，夜灯对宝宝的健康是没有影响的。

（二十四）如何给宝宝挑选玩具？

挑选玩具，安全系数应该是首先被家长关注的，它应排在好玩、益智等因素之前。以下是挑选玩具的7点建议：

（1）按照年龄挑选。

（2）小东西有大隐患。给3岁以下宝宝买组装玩具首选大部件，一定不要含有"长小于6cm、宽小于3cm"的小附件。

（3）小心毛边，玩具表面不要有缺口或棱角。

（4）毛绒玩具要看做工、闻气味。不给过敏体质的宝宝买毛绒玩具。

（5）了解玩具的铅含量，避免铅中毒。

（6）拒绝重金属。

（7）发声玩具的声音超过60分贝的不要选择。

（二十五）能否给宝宝使用安抚奶嘴？

安抚奶嘴应该在宝宝需要的时候，以及要在宝宝学会吃母乳且母乳充足的情况下才可以使用。安抚奶嘴的好处有以下几点：

（1）能安慰宝宝，让哭闹的宝宝很快平静下来。

（2）能让宝宝养成鼻呼吸的习惯，减少宝宝睡觉窒息的危险。

（3）6个月以后的宝宝出牙期易烦躁不安，爱咬东西、吸奶嘴甚至吸手指，此时使用安抚奶嘴，可以给宝宝带来满足感与安全感，减少出牙期的烦躁与不安。

安抚奶嘴也有一些坏处，如易掉落沾染病菌、宝宝吃进过多空气致肠绞痛等。

使用安抚奶嘴有利有弊，家长可根据自己的实际情况决定用或不用。

（二十六）宝宝睡觉爱出汗是什么原因？

宝宝爱出汗首先要判断是生理性出汗还是病理性出汗。绝大部分宝宝睡觉时出汗是正常现象，并不能说明宝宝身体虚。

生理性出汗的表现如下：

（1）入睡后半小时发生，1小时左右就不再出汗了。

宝宝新陈代谢旺盛，若白天或睡前活动量大，或进食了过多高蛋白质食物，或睡前喝了牛奶，机体不能及时将多余的热量散发出去，那么热量积聚在体内，入睡后通过出汗散发多余热量。

（2）盖得多也会导致宝宝出汗多。

生理性出汗多在刚入睡时发生，进入深度睡眠后便开始逐渐消退。家长通过改善宝宝的睡眠环境、改变宝宝的生活习惯，可以改善出汗情况。

病理性出汗的表现如下：

（1）佝偻病：爱出汗，出汗和睡眠时间没有什么联系。

（2）结核感染：睡眠开始无汗，后半夜会全身出汗，同时有低热、消瘦、咳嗽等情况，一般和结核患者有接触史等。

（3）甲状腺功能亢进：多汗、皮肤湿温、多食、消瘦、便稀、急躁易怒、甲状腺肿大、突眼等。

怀疑病理性出汗的宝宝，应注意观察是否有别的症状，及时到医院就诊，针对病因进行治疗。

参 考 文 献

[1] 陈荣华，赵正言，刘湘云. 儿童保健学（第5版）[M]. 南京：江苏凤凰科学技术出版社，2017.

[2] 王卫平. 儿科学（第8版）[M]. 北京：人民卫生出版社，2013.

[3] 全国卫生专业技术资格考试专家委员会. 2015全国卫生专业技术资格考试指导儿科学[M]. 北京：人民卫生出版社，2014.

[4] 杨少萍，张斌. 婴幼儿体格及智能发育训练指南（0~3岁）[M]. 武汉出版社，2014.

[5] 江载芳，申昆玲，沈颖. 褚福棠实用儿科学（第8版）[M]. 北京：人民卫生出版社，2015.